二十世纪七十年代末在位于四川的核工业部第一研究设计院工作时留影

人生历程

——丛书主编李建中和夫人

二十世纪八十年代在中共漯河市委工作时留影

二十世纪九十年代在中共三门峡市委工作时留影

二〇〇六年五月重返核工业部第一研究设计院时留影

在河南省科协工作时留影

二〇一一年开始连续三年开花
亲手养育的巴西木从

13 园艺春秋

科普通鉴

丛 书 主 编　李建中
丛书副主编　谈朗玉　李大东　张令朝
本 卷 主 编　胡建斌

KEPU TONGJIAN
YUANYI CHUNQIU

中国科学技术出版社
河南科学技术出版社

图书在版编目（CIP）数据

园艺春秋/胡建斌主编．—郑州：河南科学技术出版社，2013.10
（科普通鉴/李建中主编）
ISBN 978－7－5349－6612－5

Ⅰ．①园…　Ⅱ．①胡…　Ⅲ．①园艺－普及读物　Ⅳ．①S6－49

中国版本图书馆 CIP 数据核字（2013）第 227559 号

出版发行：中国科学技术出版社
地址：北京市海淀区中关村南大街 16 号　邮编：100081
电话：（010）62106522
网址：www.cspbooks.com.cn
河南科学技术出版社
地址：郑州市经五路 66 号　邮编：450002
电话：（0371）65737028
网址：www.hnstp.cn
策划编辑：李喜婷　冯　英
统筹编辑：尚伟民　蒋云鹏　徐　涛
责任编辑：陈淑芹
责任校对：申卫娟　李义坤
封面设计：赵　钧
版式设计：赵玉霞
责任印制：朱　飞
印　　刷：郑州金秋彩色印务有限公司
经　　销：全国新华书店
幅面尺寸：185 mm×260 mm　印张：13.5　字数：215 千字　彩插：4
版　　次：2013 年 10 月第 1 版　2013 年 10 月第 1 次印刷
定　　价：32.00 元

《科普通鉴》丛书

主　编　李建中

副主编　谈朗玉　李大东　张令朝

序

科技是人类智慧的伟大结晶，创新是文明进步的不竭动力。

回望文明历程，科技之光涤荡了人类旅途之蒙昧阴霾，科技之火点燃了人类心灵之求知火焰，科技之灯照亮了人类发展之光辉前程。科学技术的每一次重大突破，每一项发明创造的诞生，不仅推动人类对客观世界之认知发生质的飞跃，而且促使人类改造世界之能力得到提升。18 世纪中期以来的200 多年，是科学技术突飞猛进的历史时期。数学、物理、化学、天文学、地学和生物学等各个领域的研究均取得了空前成就，并引发了一次又一次重大科技理论革命，特别是牛顿力学、爱因斯坦相对论和量子力学的创立，深刻改变了人类生存状态和生产、生活方式。在不计其数的科技发明、发现、创造中，蒸汽机、电话、火车、汽车、医用 X 光片、青霉素、DNA 双螺旋结构、火箭、阿波罗 10 号太空舱、计算机等无疑是改变世界的重大发明、发现及创造。

放眼现代社会，科技已经成为推动经济快速发展的主导力量和创造社会财富的主要源泉，成为国家间、区域间竞争的核心和壮大综合国力的决定性力量。为了在竞争中取得优势地位，各国、各地区，特别是发达国家及地区都高度重视科技创新和发展。进入21世纪的短短十余年间，全球科技创新浪潮此起彼伏，科技发展日新月异，创新成果大量涌现。人类基因组序列图完成，细胞重新编程技术，人类最早祖先确定，宇宙存在暗物质猜想，干细胞研究的新进展，纳米技术研究的新突破，欧洲强子对撞机启动，人类探测器创最远纪录，七大数学难题之一——庞加莱猜想被证明，则可能是最具科学价值的重大科技成就。

展望未来，人类前进的道路上依然存在无数难题等待破解，依然存在众多未知世界等待认识。尤其是随着人口数量急剧增加、自然资源逐渐枯竭和生态环境的日益恶化，人类正遭遇着前所未有的生存挑战和危机。毫无疑问，应对挑战、解决危机，只有依靠科技的不断创新与发展。在可以预见的未来，为了拓展生存空间，提高生存质量，必将掀起一场以信息科技革命为先导、新材料科技为基础、生命科技为核心、新能源科技为动力、海洋科技和航天科技为内拓和外延的新的科技创新浪潮。

伴随知识经济向创意经济的转变，科学技术进入了多学科交叉、互为渗透、综合发展的历史时期，形成了学科林立、知识纷繁的新格局。面对浩如烟海的科技世界，经与有关专家学者反复研究论证，从理、工、农、医和高新科技五大领域中确定了26个社会公众关注度较高的选题编著成书。

弘扬科学精神，传播科学思想，倡导科学方法，普及科学知识，促进创新创造，是编著本书的基本思想。考虑到读者对象年龄、职业、身份的多样性和对知识需求的差异性，力求做到重点突出，脉络清晰，融入人文精神，体现人文情怀，以达引人入胜的效果。

此套大型科普丛书，涉及领域广，学科多，在内容和表述上尽可能避免交叉重复或冗长繁杂，在体例和风格上尽可能保持相对统一。但是，由于我们学识水平有限，编著时间仓促，缺乏相应经验，个别章节仍然存在这样那样的问题。这些缺憾，我们将在再版重印时加以修订改进。诚恳希望广大读者对本书的修订改进提出宝贵意见和建议，使本书的质量再版时有一个较大提高。

通览科技文明，鉴取创新精粹。期待有缘阅读本书的各界人士，汲取科技精髓，激发创新思维，为中华民族的伟大复兴贡献聪明才智。

即将退休前夕，主持编著了这套大型科普丛书，期望能对后人创新思维、报效祖国产生一些积极的影响。借此机会，感谢我的妻子曹四梅对编著本书所给予的宝贵意见，特别要感谢她三十多年来对我工作的支持和无私的奉献！我的妻子曹四梅，原籍安徽宿州，1957 年出生于河南项城，婚后三十五年，对我生活上的照顾无微不至，才使我有足够的时间和精力投身于国家的事业。回首往昔，岁月峥嵘；弹指一挥间，履职三十六个春秋。极目长天，光阴荏苒；伴随万物生，年轮滚动催生霜鬓。谨用一首《复兴华夏》的藏头诗作为对伟大祖国的美好祝愿。

复礼克己演春秋，

兴业建邦造英雄。

华族鼎立环球日，

夏禹仙界贺奇功。

祖国广袤无垠的辽阔疆域，哺育着伟大的华夏民族繁衍生息。白发的烙印，既留下了少年时代的天真烂漫，又刻画了中青年时代的历史轨迹。我热爱我的祖国，更加由衷真诚地祝愿国家富强昌盛、人民安康幸福！

河南省科学技术协会主席、党组书记　李建中

2013年6月

目　录

引 言

在西方，人们普遍认为园艺是一种伊甸园式的生活方式。我国历代都有名人、隐士热衷于乡野田园生活，他们在大自然中劳动、学习和思考，并寻求事物发展的真理，最终成为既具有智慧，又品德高尚的人。在近代，许多自然科学上的伟大成就也出自田间地头。遗传学的两大定律就是一个叫孟德尔的人在奥古斯丁修道院花园中的豌豆田里发现的，谁也未能料想到，这200平方米的豌豆田竟成为遗传学的“诞生地”。人类社会发展到今天，如同春笋般生长的高楼大厦挡住了我们的视线，厚厚的雾霾充斥着整个天空；办公室里的白领终日面对电脑和成堆文件；学校过分重视学位、论文，致使青年学生终日埋头书本，疲于应付考试；城市的孩子缺乏基本的农业技能实践，竟不能区分小麦和韭菜……怀爱伦曾说过，大自然的美本身就可以引导心灵远离罪恶和俗世的诱惑，而转从纯洁、和平与上帝。我们只有回归伊甸园式的生活方式，才能重新找回健康与快乐。

现在，伴随着园艺业的发展，家庭园艺、社区园艺、运输园艺、观光园艺、园艺疗法诞生了，都市人也可以从事园艺活动，享受园艺劳动所带来的快乐。在这种情况下，我们编写了《园艺春秋》这部书，其目的是为广大园艺爱好者提供园艺科学的基本知识，使他们了解现代园艺的发展始末，展望园艺的发展趋势，同时也为即将从事园艺工作的人们拨冗引路。

园艺的起源可追溯到农业发展的早期阶段，从那个时候开始，人们就喜爱盛开的花朵，赞美丰收的果实，饮用彰显文化的茶水等。《园艺春秋》以通俗易懂的语言向我们展示了园艺科学的基本知识、历史及发展趋势；其图文并茂，语言并未囿于专业术语的简单罗列，而是以通俗易懂，简单明了的语言带领我们走进园艺世界：田园蔬菜，观赏花草，茶香氤氲，炊烟缭绕——好一番田园风光，诗情画意！

1 走近园艺

随着社会的发展和经济的繁荣，人们的物质生活水平不断提高，除了对包括吃、穿、住、用在内的物质生活的追求外，人们对精神生活的要求也越来越高。园艺，除了赋予人们“吃”的内涵以外，已经成为人们精神生活的重要组成部分，园艺已经成为“美”或“精神食粮”的代名词。然而，什么是园艺呢？一提到这个词语，人们大多就会想起公园里的花花草草，其实这只是窥豹一斑，园艺有着丰富的内涵。

1.1 认识园艺

“园艺”一词包括“园”和“艺”二字，《辞源》中称“植蔬果花木之地，而有藩者”为“园”，《论语》中称“学问技术皆谓之艺”。因此，栽植蔬果花木之技艺，谓之园艺。但在我国历代文献中均没有发现“园艺”一词，最早见于文字的是在1869年英国人 Lobschied 所著的《英华词典》一书。在西方，“园艺”的英文名称为 Horticulture，是由拉丁文 Hortus 与 Colere 两个单词合并而成的，Hortus 解释为垣篱、墙壁等围绕物，而 Colere 为栽培管理方法，Horticulture 可解释为在垣篱内栽培花草、果蔬等植物的方法。可见，“园艺”一词的含义中外是一致的。在现代社会中，园艺已经不再局限于垣篱之内了，它是种植果树、蔬菜、花卉等植物的生产技艺。园艺既是一门生产技术，为人们带来了吃、穿、住、用的物质产品，如美味可口的水果、营养丰富的蔬菜和韵味浓郁的茶香；而它同时又是一门形象艺术，在日常生活中塑造了许许多多“美”的案例，如绿茵茵的草坪和赏心悦目的庭院景观，使人们在工作之余享受身心的愉悦。可以说，没有园艺就没有我们人类高质量的生活条件（图1－1）。

图1－1 庭院一角

园艺植物是园艺活动所涉及的对象，它们是广阔的自然界中各式各样植物的重要一部分，它们使得地球更加绚丽多彩、生机勃勃。园艺植物主要包括日常生活中常见的果、菜、花、茶，也就是果树、蔬菜、观赏植物和茶叶（图1－2、图1－3、图1－4）。

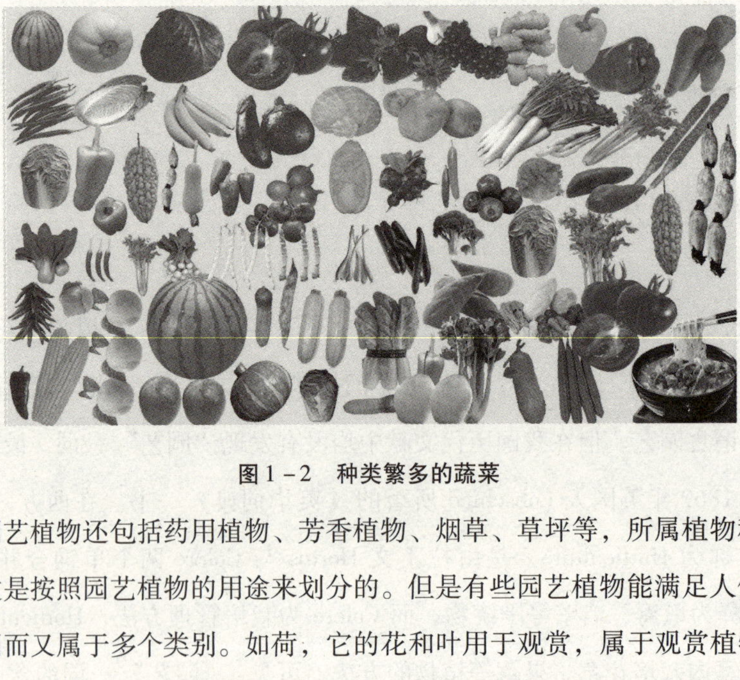
图1－2 种类繁多的蔬菜

广义的园艺植物还包括药用植物、芳香植物、烟草、草坪等，所属植物种类十分广泛，这是按照园艺植物的用途来划分的。但是有些园艺植物能满足人们的多种需要，因而又属于多个类别。如荷，它的花和叶用于观赏，属于观赏植物；地下茎莲藕可以食用，又可划归蔬菜；种子莲子则可以入药。玫瑰因其娇艳的花朵而成为主要观赏花卉之一，它的花可以提取玫瑰油又可属于芳香植物。再如甘蓝、芋、百合、南瓜等，它们是人们餐桌上常见的蔬菜，但它们也有很好的观赏价值又可归属于观赏植物。园艺植物与其他植物也并没有明显的界限，这也取决于它们的用途。例如，松树因其挺拔而坚实的躯干，既可作为林木又可作为观赏植物；玉米是主要的粮食作物，它的脆嫩的籽粒可作为蔬菜食用；马铃薯在西方是第四大粮食作物，但在我国它主要是作为蔬菜呈现在我们的餐桌上。

有人说，小麦、水稻、玉米等粮食作物的作用是让人们吃得饱，而园艺植物则是让人们吃得好、喝得好、住得好，可见园艺植物在提高人们的生活质量上功不可没。园艺产品究竟在人们生活中有哪些作用呢？

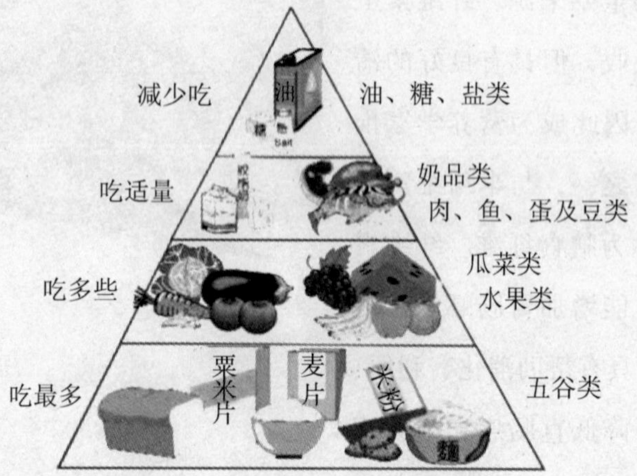

图 1－3 健康饮食金字塔

首先，蔬菜、水果是营养丰富的园艺产品，它们为人们提供了丰富的维生素和矿质营养，其中很多物质在粮食作物中是不存在的。维生素是人体必需的一类重要营养物质，具有多种生理功能，缺乏时会引起人体生理功能失调，免疫力下降，甚至引发疾病。大多数维生素在人体内不能合成，需要不间断地补充。例如维生素 C 是人体不可缺的，蔬菜中的绿叶类、辣椒、番茄、甘蓝、黄瓜、花椰菜、萝卜等，水果中的枣、猕猴桃、醋栗、山楂、草莓、番石榴、龙眼、柑橘等都富含维生素 C。蔬菜和水果中含有各种矿质营养，是人体矿质营养的重要来源，尤其是钙、铁、磷营养较为丰富。钙和铁在人体难以移动，儿童和老年人更易缺乏；儿童缺钙易患佝偻病，老人缺钙易患骨质疏松症，缺铁还易引起贫血。一些稀有和微量元素对人体健康有重要的作用。如硒可以防癌抗癌，锰与长寿有关，锌与儿童智力发育有关，碘对防止碘缺乏性疾病有重要作用。蔬菜中大蒜、胡萝卜、洋葱、大豆及果品中的蒲桃、杏仁、桂圆等富含硒，海带、紫菜中富含碘，萝卜、大豆等富含锰，大白菜、萝卜、扁豆等富含锌。茶叶中含有大量的磷、钙、钾、镁、铁、锌、锰、硒、铜、碘等元素。可溶性蛋白质、氨基酸、糖类等营养物质也可从蔬菜、水果和茶叶中摄取，尤其是茶叶，所含氨基酸异常丰富。

其次，蔬菜、水果和茶叶对人体代谢有重要的调节作用。蔬菜和水果是人体纤维素的重要来源。纤维素虽然不能被人体吸收，但具有良好的清理肠道的作用，因此成为营养学家推荐的七大营养素之一，与半纤维素和木质素一起被称为膳食纤维。纤维素被人体摄入后，能增加胃肠蠕动，使食物疏松，因而具有帮助消化、利便、排毒的作用，可降低直肠癌和结肠癌的发病率，还能减少胆固醇吸收、降血脂和维持血糖正常的作用。菌类（干）纤维素含量最高，如松蘑、发菜、香菇、银耳、木耳等，蔬菜中紫菜、笋干、辣椒、蕨菜、花椰菜、菠菜等，水果中的红果干、樱桃、枣、石榴、苹果、鸭梨等。

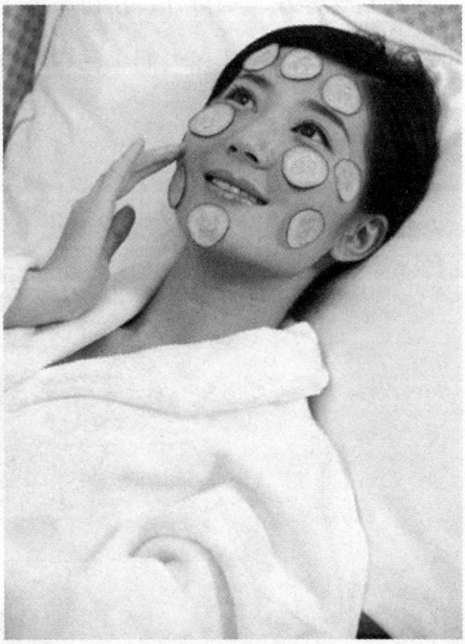

图1－4　黄瓜面膜

再次，蔬菜、水果和茶叶还有保健的作用。大蒜有广谱的杀菌和强心、促进血液循环和延年益寿的功效；富含番茄红素的番茄有抗癌等功效；莴笋气味苦、性冷，具有利五脏、通经脉、开胸膈、利气、强筋骨等功效；黄瓜中富含生育酚，可直接用于抗衰老、美容；梨可清热化痰、滋阴润肺，桃可活血补气、润燥；李子止渴生津；山楂消食解毒、提神醒脑。茶叶中的茶多酚能降低血压、杀菌消炎、抗癌和抗衰老，茶色素、茶多糖、茶皂素、茶氨酸等成分具有降血压血脂、保护心肌等作用。由于蔬菜、水果具有提供营养和保健功能，一些营养专家提出了“金字塔”式的健康饮食食谱，其中蔬菜、水果占有很大的比例。

最后，园艺植物可美化环境、净化心灵、陶冶情操。花卉、林木、草坪、甚至果树和蔬菜等园艺植物，都有美化生活环境，增加地面覆盖，保持水土，优化环境的功能。作为绿色植物，它们可以减少空气污染、噪声、粉尘，补充氧气，为人们创造清新、洁净的空气和安静、舒适的生活环境。各种各样的观赏草木，还可美化居室和庭院，为人类创造赏心悦目的生态环境。自古以来，文人墨客写花、写草、写树、写景，留下来许多美言绝句、花诗、花经，让我们在观花赏景中学习园艺知识。茶景、茶诗、茶画、茶艺、茶道，让我们在赏茶、品茶过程中相互交流，了解茶的特征和茶文化。此外，适当的家庭园艺活动，如播种育苗、中耕除草、栽植管理、灌水施肥，不仅可以活动筋骨，锻炼身体，还可以修身养性，陶冶情操。

园艺是一项古老的行业，有着悠久的历史。随着园艺工作者队伍的壮大以及各类技术人员的加入，园艺从“田间技艺”逐渐发展成为一门学科——园艺学，已经成为推动世界园艺业发展的动力源泉。园艺学是研究园艺植物的种质资源及其品种选育、生长发育、栽培管理以及采后处理或造型造景等理论和技术的科学，是一门以应用为主的学科。园艺学在我国各学科门类中属于一级学科，一般包括果树学、蔬菜学、观赏园艺学及茶学等二级学科。

图 1－5　荷兰的鲜花交易市场

园艺业已经成为农业生产中最活跃、最具有发展潜力的行业之一，它是从事果品、蔬菜、花卉、观赏树木的生产和风景园的规划、营建、养护的行业。园艺植物的集约栽培技术，它可以以相同的土地面积，通过大量资金、劳力和技术的投入，获得几倍甚至十几倍于其他农作物的经济效益。我国民间广泛流传的“一亩园，十亩田”这句话，就是对园艺业的经济效益最好的诠释。而更重要的是，园艺业是一门形象艺术，将植物应用于美学是园艺学独一无二的特点，使之有别于其他农业活动。所以，可以说园艺业是集科学、技术与美学为一体的一项活动，它使人们在利用科学和技术进行园艺活动的同时，也享受由此所带来的巨大经济效益和美的感受。园艺业的地位在经济发达的国家或地区显得非常突出。人们常常用“海边的小国”来形容荷兰（图1－5），这的确形象地说明了荷兰的面积和地理位置，但就经济发展水平而言，荷兰却是世界上经济最发达的国家之一。它不仅是农业大国，更是园艺产业的强国，园艺生产在荷兰农业中占有相当的份额，主要是蔬菜、水果、花卉、植物、鳞茎和苗木。蔬菜出口居世界第一，鲜花出口占全球市场的60%。园艺业使她享有“世界花园”“欧洲菜园”“花卉王国”等美誉。在全球科学和技术快速发展的大潮流里，园艺业已经展现出了它的活力与魅力。

1.2　园艺植物从哪里来

当我们看到丰富多样的园艺植物时，不禁要想到这样一个问题：眼前的园艺植物是怎么来的？要弄清楚这样一个问题，就是要弄明白园艺植物的起源与传播。关于植物起源，在18世纪及其以前的时代，基督教所支持的“特创论”占统治地位。该理论认为地球及其生物都是上帝按一定的计划、一定的目的创造出来的，且只有几千年的历史。瑞典的著名博物学家林奈就是特创论和物种不变论的忠实捍卫者。由于当时的自然科学进展缓慢，近代很多植物地理学家认为栽培植物的原产地和起源年代是一个极神秘的问题。19世纪以后，拉马克、达尔文进化论先驱的生物进化思想普及后，人们逐渐认识到各种生物都有共同的起源。1859年达尔文发表的划时代巨著《物种起源》标志着进化论的崛起。进化论认为，现代栽培植物是由古代以来野生植物在不同时期经人们驯化、培育、选择、进化而来。科学地说，包括园艺植物在内的现存多种多样的生物，是在与其生存环境以及自身细胞、组织、器官和个体间相互作用过程中，它们的遗传物质随时间和空间变化而发生的一系列不可逆转的改变，从而适应其生存环境形成的。

1.2.1 园艺植物的演变

在17世纪以前，人们对大多数栽培植物的起源不十分明白，加上高寒山脉、辽阔的海洋和广阔的沙漠阻隔，彼此局限在具有一定生态条件的地区从事原始的农业生产活动，对当地的野生植物进行驯化、培育和有意或无意地选择。古时的人们从山野里采集野生果实、嫩茎叶、种子，挖掘地下根茎，直接食用后，把吃剩下的种子、根茎等扔到住处周围，当看到这些扔掉的部分也能长出植株时，对其的驯化也就开始了。在长期的培育和选择下，逐渐进化形成了有别于野生植物物种、适宜于在人工栽培条件下生长发育、供人们不同用途的园艺植物（即果树、蔬菜和观赏植物等）和其他的农作物，并逐渐形成了若干栽培植物起源中心。换句话说，现在栽培的园艺植物和其他的农作物都是由最初的野生类型，通过人工驯化、培育和选择而形成的，而且这是一个从原始农业开始到现在仍在进行的过程。例如，土耳其、叙利亚、伊朗、伊拉克人将野豌豆和小扁豆驯化成栽培种已有8 000 ~9 000 年的历史，与此同时秘鲁、墨西哥人已将菜豆、南瓜驯化为栽培植物。

蔬菜大多数是一二年生草本植物，在整个园艺植物中是驯化起源最早的一类。古代人类除了采食木本野生植物的果实外，还采食草本野生植物的茎、叶、果实、种子、地下茎和肉质根等充饥。在人类定居后，一些无毒、风味好、能佐食、易繁殖的野生蔬菜种类逐步被移植到园圃，便于采食。又经长期的驯化栽培和选择，形成了许多的蔬菜栽培种类和品种。瑞士植物学家德坎道尔认为，15世纪以前，东半球陆地栽培的蔬菜有4 000 年以上的栽培历史，最早栽培的蔬菜有芜菁、甘蓝、洋葱、黄瓜、茄子、西瓜和蚕豆等。中国在新石器时代除采集野菜外，已种植芥菜、大豆、葫芦等，周秦以至汉初，中国黄河下游地区已采食和栽培的蔬菜有瓠（葫芦）、瓜（甜瓜、菜瓜）、葑（芜菁等）、菲（萝卜）、芹（水芹）、杞（枸杞）、荏菽（大豆）、笋、葵（冬寒菜）、韭、葱、薤、芋、薯蓣、姜、蘘荷等。虽然野生木本植物（如果树）的果实很早就被人类采食利用，但是成为栽培植物却比较迟。这主要是由于多年生木本植物难于集体管理，驯化历史通常要比一二年生的草本栽培植物晚得多。考古学证据表明，最早起源的果树栽培植物有无花果、葡萄、海枣和油橄榄等。无花果在新石器晚期、葡萄在青铜器早期、海枣和油橄榄在石器与铜器并用的时代开始栽培。这些栽培起源早的果树有一个共同的特点就是可以采用无性繁殖，也就是通过扦插、压条等技术来进行无性繁殖。此后，石榴、香蕉与稍后的芒果、柑橘等也相继被驯化栽培。李属果树可能是通过种子开始栽培的。桃的野生种在中国很丰富，公元前 2 000 年已有栽培，而扁桃则更早，约在公元前 3 000 年开始栽培。仁果类果树的栽培起源依靠嫁接，特别是就地嫁接。坚果类果树的栽培起源比较晚，虽然在新石器和青铜器时代的遗迹中曾发现很多坚果，但是它们真正被驯化却都比较迟。还有一些果树的栽培起源很晚，如树莓、醋栗最早在欧洲栽培是 16 世纪，菠萝、草莓是 18 世纪。越橘和猕猴桃直到 20 世纪才开始在新西兰、美国等国家和地区栽培。根据《诗经》《夏小正》《禹贡》《山海经》和《庄子》等古代文献和近代考古发掘的资料来看，桃、李、梅、杏、梨、栗、枣、榛、橘、柚、龙眼、荔枝、橄榄、枇杷、杨梅等果树作物起源于中国，且有 3000 多年的历史。

1.2.2 园艺植物的起源

由于蔬菜、果树的果实可以直接食用，因而这类园艺植物驯化的时间较早，在全球分布的范围也比较广泛。有关园艺植物的起源学说较多，但苏联著名的植物学家瓦维洛夫提出了"栽培植物起源中心"学说（图 1-6），得到了植物学界较广泛的认可。瓦维洛夫是苏联著名植物分类学家、育种学家和遗传学家。他创设了全苏农业科学院，1929 年当选为苏联科学院院士，1936 年当选国际遗传学学会会长，1942 年当选英国皇家学会会员。从 1920 年起，他曾组织一支规模庞大的植物远征采集队，先后到过 60 多个国家，在生态环境各不相同的地区进行了近 200 次考察，采集到 30 余万份作物及其近缘亲属的标本和种子，鉴别一批植物的新亚种和新变种。在此基础上，他又应用地理区分法从地图上观察这些种类和变种的分布情况，从而发现物种变异多样性分布的不平衡性，形成了作物起源中心概念。瓦维洛夫将全球的栽培植物划为 8 个起源中心和 3 个次级中心。这是目前关于栽培植物起源中心最有影响力的学说。瓦维洛夫提出的 8 个起源中心和3个次级中心分别为：

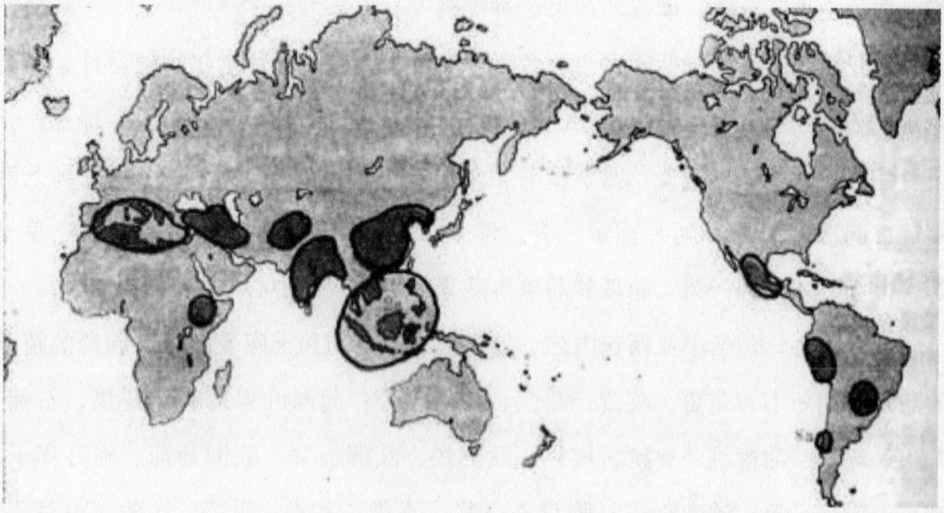

图1-6 瓦维洛夫的世界植物起源中心的划分

中国中心。包括中国的中部和西部山区及低地，是许多温带、亚热带作物的起源地，也是世界农业最古老的发源地和栽培植物起源的巨大中心。起源的蔬菜主要有竹笋、山药、草石蚕、萝卜、牛蒡、荸荠、莲藕、茭白、慈姑、菱、芋、百合、白菜类、芥蓝、芥菜类、黄花菜、苋菜、韭、葱、莴笋、茼蒿、食用菊花、紫苏等；起源的果树主要有梨、沙果、桃、山桃、杏、梅、李、樱桃、山楂、海棠、木瓜、木半夏、枣、拐枣、银杏、核桃、板栗、香橙、甜橘、枳、柿、君迁子、枇杷、黄皮、杨梅、荔枝、龙眼等。本中心还是豇豆、甜瓜、南瓜等蔬菜作物，以及甜橙、宽皮橘（可能）等果树作物的次生起源中心。

印度—缅甸中心。包括印度（不包括其旁遮普以及西北边区）、缅甸和老挝等，是世界栽培植物第二大起源中心，主要集中在印度。起源的蔬菜主要有茄子、黄瓜、苦瓜、葫芦、丝瓜、蛇瓜、芋、红落葵、苋菜、豆薯、木豆和扁豆等；起源的果树主要有芒果、甜橙、碰柑、宽皮橘、柠檬、枸橼、酸橙、酸柠檬、山榄科植物、使君子科植物、小菠萝蜜、杨桃等。本中心还是芥菜、芸薹等蔬菜的次生起源中心。

印度—马来西亚中心。包括印度支那、马来半岛、爪哇、加里曼丹、苏门答腊及菲律宾等地，是印度中心的补充。起源的蔬菜主要有姜、冬瓜、黄秋葵、田薯、巨竹笋等；起源的果树主要有柚、乌榄、白榄、槟榔、无患子科植物、五月茶、香蕉、小菠萝蜜、榴莲、芒果、番樱桃等。

中亚西亚中心。包括印度西北旁遮普和西北边界、克什米尔、阿富汗、塔吉克斯坦和乌兹别克斯坦，以及天山西部等。起源的蔬菜有豌豆、蚕豆、绿豆、芥菜、芫荽、胡萝卜、芜菁、四季萝卜、洋葱、大蒜、菠菜、罗勒、马齿苋和芝麻菜等；起源的果树有阿月浑子、杏、洋梨、扁桃、枣、欧洲葡萄、核桃、苹果等。该中心还是独行菜、甜瓜和葫芦等蔬菜的次生起源中心。

近东中心。包括小亚西亚内陆、外高加索、伊朗和土库曼山地。起源的蔬菜有甜瓜、胡萝卜、芫荽、莴苣、韭葱、马齿苋等；起源的果树有无花果、石榴、苹果、洋梨、甜樱桃、扁桃、核桃、欧洲榛、欧洲板栗、欧洲葡萄、阿月浑子、沙枣、君迁子等。该中心还是豌豆、芸薹、芥菜、芜菁、甜菜、洋葱、香芹菜、独行菜等蔬菜，枣、杏、酸樱桃等果树的次生起源中心。

地中海中心。包括欧洲和非洲北部的地中海沿岸地带，它与中国中心同为世界重要的蔬菜起源地。起源的蔬菜有芸薹、甘蓝、芜菁、黑芥、白芥、芝麻菜、甜菜、香芹菜、朝鲜蓟、冬油菜、马齿苋、韭葱、细香葱、莴苣、石刁柏、芹菜、菊苣、防风、菊牛蒡、食用大黄、茴香、洋茴香和豌豆等；起源的果树有油橄榄、圭洛豆。该中心还是洋葱、大蒜、独行菜等蔬菜的次生起源中心。

埃塞俄比亚中心。包括埃塞俄比亚和索马里等。起源的蔬菜有豇豆、豌豆、扁豆、西瓜、葫芦、芫荽、甜瓜、胡葱、独行菜和黄秋葵等。此中心无原生果树。

中美中心。包括墨西哥南部和安的列斯群岛等。起源的蔬菜有莱豆、刀豆、南瓜、佛手瓜、甘薯、大豆薯、辣椒、番木瓜和樱桃番茄等；起源的果树有仙人掌属果树、牛心果、番荔枝、人心果、人面果、果酱果、番木瓜、油梨、番石榴、槟榔青、山楂等。

南美中心。包括秘鲁、厄瓜多尔和玻利维亚等。起源的蔬菜有马铃薯、番茄、笋瓜、浆果状辣椒、多毛辣椒、蕉芋等；起源的果树有甜西番莲、山番木瓜、蛋果、番石榴、含羞草科植物、木棉科植物等。该中心还是菜豆、莱豆的次生起源中心。

智利中心。这一中心为普通马铃薯和智利草莓的起源中心。

巴西—巴拉圭中心。这一中心为木薯、落花生、樱桃、菠萝、巴西坚果、腰果和凤榴等果树的起源中心。

观赏植物的起源也遵从栽培植物起源的一般规律。但由于早期的人类活动是以生存为目的，不能够食用的观赏植物可能不是原始农业活动所驯化的对象。在满足了基本生存条件的前提下，具有观赏价值的植物才可能进入人类的视野，成为人们茶前饭后消遣的对象。观赏植物因生产目标和使用价值等方面具有特殊性，因而也有其自身的栽培起源规律。我国南京中山植物园张宇和研究员认为观赏植物有三个起源中心，即中国中心、西亚中心和中南美中心。其中，中国中心是世界上野生植物最丰富的国家之一，一直是欧美发达国家进行植物采集和开发的资源宝库，中国中心在唐宋年间达到鼎盛时期，观赏植物种类异常丰富。从明、清开始，观赏植物的起源中心逐渐向日本、欧洲和美国转移，形成了日本次生中心。

1.3 园艺业的历史足迹

1.3.1 世界园艺业的足迹

园艺的起源可追溯到农业发展的早期阶段。根据考古发掘的一些材料，石器时代人类已开始栽培棕枣、无花果、油橄榄、葡萄和洋葱。埃及文明极盛时期，园艺生产也趋发达，如香蕉、柠檬、石榴、黄瓜、扁豆、大蒜、莴苣、蔷薇等都有栽培。处于旧石器时代晚期马来半岛的塞芒人和寒诺依人懂得砍除与野生果树生长在一起的灌木，并剪去野生果树的顶梢，使野生果树结出更多的果实。同样，处于旧石器时代晚期的安第斯高原的印第安人已经了解到野生马铃薯有 60 多个不同的类型。西亚地区是世界

图 1－7 古埃及人的圆形葡萄架

原始农业最早发展地区，先后带动了周边地区农业（包括园艺业）的发展。公元前3 000年古埃及人已经种植了枣、无花果、洋橄榄、洋葱和葡萄（图1－7、图1－8、图1－9）。埃及文明极盛时期，园艺业已有了很大发展，所种植的园艺植物种类较多，有枣、葡萄、无花果、香蕉、柠檬、石榴等果树，以及朝鲜蓟、扁豆、大蒜、蓖芭、薄荷、萝卜及各种甜菜等蔬菜，并掌握了葡萄酒酿造技术。公元前2 400年古埃及墓道壁上就画有“羊踏播种图”，说明当时就有了园艺耕作技术。古希腊历史学家海罗多特斯描述过这种原始的播种方式：古人为了避免耕作之苦，待尼罗河中的水溢出浇灌田地之后，将种子撒播在地里，再将猪、羊赶入田间，将种子踏入土中，让其生长、结实。

图1－8　古埃及人利用狒狒摘无花果

图1－9　木刻上古埃及人在酿造葡萄酒

公元前500年，古罗马时期的一些农业著作中还记载了果树嫁接、水果贮藏、豆类轮作、肥力鉴定等方法，并详细描述了原始的温室蔬菜栽培技术，当时的人们利用云母片当作覆盖物保温，进行蔬菜促成栽培。当时贵族十分享受园艺所带来的快乐，他们庄园里的园艺植物种类十分丰富，除了栽有各种果树如苹果、梨、无花果、石榴等之外，还栽培各种观赏花草，如百合、玫瑰、紫罗兰、三色堇、金鱼草、鸢尾、万寿菊等，观赏园艺也有了一定的发展。罗马全盛时期，都市园艺甚为发达，并盛行插花和撒花。罗马衰亡后，中世纪欧洲工场手工业逐渐兴起，园艺则一度衰落，一些园艺技能只在修道院内幸存。

文艺复兴（14～16世纪）为园艺的兴起创造了极好的条件，园艺业在艺术的帮助下在意大利再次兴起并传至欧洲各地，果园、菜园和花园已经十分普遍。《乡村农场》是一本当时重要的园艺著作，书中记载了多种果树的栽培方法，管理技术也十分详细，包括施肥、嫁接、修剪、育种、矮化、移植、昆虫防治、环剥、采收、烹饪等技术，为当时的园艺植物的推广和普及提供了技术支持。造园技术随着园艺业的普及也随之兴起，著名的法国造园师雅克·布瓦索就是当时一名杰出的园艺师，他为奥马尔公爵收集了许多珍稀植物资源，并参与了世界著名的阿奈庄园的改造，最终成为著名的皇家造园师。雅克·布瓦索是法国园林辉煌时代的开拓者，他为园艺师社会地位的改善和园林理论的发展都做出了很大贡献（图1－10）。1638年，他出版了《依据自然和艺术的原则造园》一书，全书分为三卷，详尽论述了造园要素、植物及其栽培养护和花园的构图与装饰等问题。作为古典主义者，布瓦索奉行古典主义美学思想，即人工美高于自然美，人工美的基本原则是变化的统一；他强调构图中比例的重要性，并试图用数量来确定比例关系。布瓦索十分重视园林的选址，因为法国园林的主要装饰是图案式花坛，所以他偏好平坦而完整的地形。他将古典园林的面积大大扩展，以形成一种深远的透视效果，在园中设置较高的观赏点，通常在建筑的楼上，强调从高处来观赏园林和建筑的全景。这表明他将园林和建筑完全看作是统一的构图。布瓦索认为园林应该具有多样性，首先是地形的多样性，其次是总体布局的多样性，最后是植物的多样性。但所有这些变化都应该布置得井然有序，均衡稳定，彼此间相互配合。他重视植物与水体的作用，喜欢将植物作为建筑材料使用，做出各种绿篱、绿墙和绿色建筑物，以与建筑相统一。他倾向于营造动态的水体景观——“合理的流水与盘式涌泉中的喷水是园林中最有生机的灵魂。”

图1－10　法国园艺园林大师——雅克·布瓦索

新大陆的发现进一步刺激了园艺业的发展，探险家们将那里的蔬菜（马铃薯、番茄、甘薯、南瓜、菜豆等）、果树（蔓越橘、巴西栗、菠萝、油梨、腰果、核桃等）以及其他作物（玉米、香草、奎宁、可可、烟草等）带到了欧洲，并进行了广泛的引种和改良，使之成为贵族们餐桌上的美味佳肴。园艺植物广泛交流极大地推动了世界园艺业的发展，当今荷兰的球根花卉业、非洲的可可业以及南美的香蕉和咖啡业，均源于这次具有历史意义的植物种类的交流。园艺设施栽培技术得到了当时贵族的重视，法国路易十四年代，一些贵族建造了玻璃温室，并结合使用温水浇灌，用于多种园艺植物的促成栽培，推动了设施园艺的普及和发展。

19 世纪中叶，随着科学技术的发展，世界迈入了近代农业阶段。这段时间里一些具有划时代意义的重要理论相继提出，如 1838 年德国植物学家施莱登提出了细胞学说，1859 年代表达尔文进化论思想的《物种起源》出版，1865 年孟德尔遗传理论的建立，促进了包括园艺植物在内的育种技术的发展。19 世纪 40 年代末，欧洲葡萄种植者经历了一场浩劫，葡萄根瘤蚜大面积发生，大量的葡萄树枯萎、死亡，葡萄种植者对此束手无策，北美植物学家将已具有抗性的北美野生葡萄引入欧洲，使欧洲葡萄免于灭顶之灾。1878 年，名为“霉叶病”的病害狂扫法国著名的葡萄酒城——波尔多，一个法国人米拉德偶尔发现石灰与蓝矾混合液对这种病害有很好的抑制效果，随后这种农药被命名为“波尔多液”，至今仍然广泛用于园艺植物的病害的防治。19 世纪末，拖拉机出现，化学肥料工业产生，化学农药也被人工合成，极大地促进了近代园艺业的发展。而与此同时，能源的严重浪费和环境污染加剧也反映了近代农业发展的缺陷。

1.3.2 历史悠久的中国园艺业

园艺在中国出现的时间较早，在西安半坡村新时期时代仰韶文化遗址中，就有榛子、朴树子、栗子、松子和菜籽出土。在河南安阳小屯的商代都城殷墟中出土的甲骨刻辞上，已辨认出的字就有“园、圃、囿”，其中“园”是栽培果树的场所，“圃”是栽培蔬菜的场所，“囿”是人为圈定的园林。说明在公元前 13 世纪的商代，园圃已经开始从大田分化出来。直到春秋战国时期，农圃有了进一步的分工，出现了专门种植果树的“园”和专门种植蔬菜的“圃”，园艺业不再作为大田种植业的补充，已经作为独立经营行业出现（图 1－11）。当时园圃内种植的植物已有蔬菜、瓜果、经济林木等，蔬菜种类有直根类、薯蓣类、嫩菜类、葱类及香生菜类多种，果树有落叶果树和常绿果树 40 多种。我国现存的最早的诗歌总集《诗经》就是在这个时代编辑而成的，涉及132种植物，包括多种园艺植物，其中蔬菜有葵、葫芦、芹、韭菜、笋和菽，果树有枣、郁李、山葡萄、桃、李、梅、榛和杜梨，观赏植物有梅和芍药。“七月食瓜，八月剥枣”，这说明3 000年前园艺产品在人们的生活中已有一定的地位。

图1-11 古人在果园品尝水果

秦汉园艺业有很大发展，果树和蔬菜的生产已经从园圃扩大到山野，出现了一些具有一定规模的果园和菜圃，栽培技术也有一定的发展。据说秦始皇曾令人利用临潼的温泉水在冬季种植瓜类蔬菜。《汉书》记载太官园中有利用火室火炕在冬季种植葱、韭菜的记载，说明保护地蔬菜种植在中国由来已久。汉武帝开通丝绸之路后，东西方交往逐渐增多，我国从西方引进了葡萄、无花果、石榴、扁桃、榅桲等果树以及黄瓜、西瓜、胡萝卜、菠菜、豌豆等蔬菜，同时也给西亚和欧洲带去了我国的桃、杏、茶、芥菜、萝卜、甜瓜、白菜、百合等，大大丰富了那些地区园艺植物的种质资源，促进了园艺业的发展。西汉时代的《史记》记载：“安邑千树枣，燕秦千树栗，蜀汉江陵千树情，其人皆舆千户侯”，说明当时不仅帝王御园的园艺发达，民间园艺也很繁荣，营利栽培已经很普遍。河北望都一号东汉墓中发现墓室内壁有盆栽花卉的壁画，表明盆栽花卉在东汉已出现。

南北朝时期，我国南方栽培果树明显增多，新的果树种类如柚、枇杷、苹婆、韶子等出现，果园的规模也越来越大。栽培的蔬菜种类也从东汉时期的20多种增加到30多种，一些新的栽培技术和育种方法也不断涌现。北魏统一政权后，使得西晋末年黄河流域长期战争状态得到了改变，农业生产逐渐恢复，北魏迎来了农业发展的黄金时期。北魏的贾思勰敏锐地意识到这一情况，立志为农业做出贡献（图1-12）。他阅读了大量书籍，研究古代农业生产知识，并将考证、调查、观察和实践结合，经常向老农请教种植，并广泛收集民间歌谣和谚语，从中探索农业知识。经过十余年的辛勤劳动，终于写成世界农学史上第一部较系统的名著——《齐民要术》，该书的完成也使得贾思勰从一官僚变为杰出的农业科学家。“齐民要术”的字义是人民群众谋生产的主要方法，书中记载了31种蔬菜和17种果树的品种、繁殖、栽培和贮藏技术，其中瓜类蔬菜的栽培技术比较引人注目，如《齐民要术·种瓜》记载的留“本母子瓜”、助苗出土和甜瓜引蔓等先进技术，这在后面的内容中有详细介绍。对种地，贾思勰不辞辛苦，走遍河南、河北、山西、山东，到田头住老农的窝棚，虚心向老农求教如何犁地、选种、下种、施肥，如何进行田间管理。还有土质对庄稼的影响，气候的影响等。他不光听别人说，还自己去做，从中体会哪些是正确的，哪些是不妥的，并把它总结出来。实践使贾思勰对农业生产有非常深刻的见解，所以《齐民要术》对农业生产的理论和操作都有系统的阐述，对每个环节都有详尽的叙述。比如平整土地，《齐民要术》不仅指出了它的重要意义，而且详尽地讲述了耕地分春、夏、秋、冬的耕作，讲究深、浅，注意初、转、纵、横、顺、逆等，要因时制宜、因地制宜进行耕作、管理，十分具体。甚至连耕坏了如何补救，都做了阐述。对如何提高土地的地力，使农作物不断从土地得到充足的养料，贾思勰更有独到而精辟的见解。此外，一些新的农业技术，如用炒过的谷子同葱籽拌种播种，“嫁枣”“嫁李”等促进果树多结果技术，也有详尽的介绍。可见我国南北朝时期园艺植物生产技术已经达到很高的水平，同时相关的一些理论也得到了一定的发展，这也反映出我国古人勇于实践、勤于钻研和善于总结的科学精神。

图1-12　贾思勰雕像

唐宋以后，园艺特别是观赏园艺发展迅速，出现了牡丹、芍药、梅、菊花等多种的名贵观赏花卉。“唯有牡丹真国色，花开时节动京城”，古都长安已经成为“四邻花竞放”的城市。观赏花卉的快速发展与当时唐诗宋词盛行是不可分割的。

园艺植物的栽培技术也有了新的发展，黄瓜的促成栽培使黄瓜在2月就采收上市，“堂花技术”使牡丹、桃等在冬天开花，还出现了“蜡封蒂果”的水果保鲜技术，茶叶生产和栽培技术已经具有世界性的影响力。宋元时期，花卉观赏不再局限于上层统治阶级，平民百姓中专业花农已经十分普遍，还出现了中间商“花客”，相当于今天的花卉经纪人。这一时期的园艺专著较多，如北宋蔡襄编著了我国第一部果树专著《荔枝谱》，南宋韩彦直编著了我国第一部柑橘专著《橘录》，还有欧阳修的《洛阳牡丹记》、王观的《扬州芍药谱》、刘蒙的《菊谱》等，全面地总结了当时果树、花卉等栽培技术。

明清时期，海运大开，银杏、枇杷、柑橘、白菜、萝卜、牡丹、菊花、山茶等我国的园艺植物先后传向国外，同时也从国外引进了更多的园艺作物，如芒果、菠萝、番木瓜、苹果、西洋梨、西洋李、樱桃等果树，黄瓜、辣椒、茄子、洋葱、西葫芦、笋瓜、马铃薯、番茄、菊芋等蔬菜，极大地丰富了我国园艺植物的种质资源，促进了我国园艺业的发展。清代陈淏子所著的《花镜》一书记载了300多种观赏植物，并采用了实用分类法，书中还逐一阐述了嫁接技术、微量元素肥料的施用及观赏植物的园林配置技术。《花镜》的问世，标志着我国观赏园艺植物学的诞生。1708年汪灏等编著的《广群芳谱》中记载了100多种栽培及野生的蔬菜，并归纳为辛香、园蔬、野蔬、水蔬、食根、食实、菌属、奇蔬、杂蔬等9类，为后世蔬菜植物的分类奠定了基础，其中以食用部位及生长环境的分类法仍沿用至今。我国现代栽培蔬菜的种类基本上是明清时期逐步形成的。

生存才是发展的基础，这是对人类历史的一个很好的总结。在原始农业阶段，蔬菜和谷类植物为人类提供了食物，因而驯化和栽培的历史最长，果树因生长周期长驯化历史相对较晚，初始的园艺是功能性的，其主要目的是生产供人们食用和药用的植物。观赏植物在当时并非人们的生存必需品，因而出现的时期比蔬菜、果树晚得多。但是园艺业一旦出现，便与人类文化密切地融合在一起。园艺的影响涉及思想、情感、文学、绘画、哲学、宗教、社会习俗以及人类文化的其他方面，形成独特的“园艺文化”。我国最早的诗歌总集《诗经》，就是以园艺植物为题材，周朝时人们已将花木用于社交礼仪，以梅、芍药等园艺植物来传达爱情了。历代文人创作出大量关于园艺植物的诗歌、散文、戏剧和绘画。如唐代花鸟画已摆脱了人物画附属的地位，成为宫廷和民间普遍欢迎的独立的画种。在我国的古典小说《红楼梦》中，38 种园艺植物被用于命名人物，比喻人物性格，以此来表述作者的思想情感。花卉已被人类赋予了不同的象征意义而成为某些社会民俗的有机组成部分。如我国春节的水仙、中秋节的桂花和重阳节的菊花，以及西方国家圣诞节的圣诞树、复活节的百合、情人节的玫瑰和母亲节的康乃馨，这一传统影响至今。在西方，园艺甚至被认为是“仅次于宗教的传播博爱的思想者”。可见，在人类文化发展进程中，园艺植物发挥了很大的作用，并且至今影响着我们的生活。

1.4 蓬勃的园艺业

1.4.1 当今的园艺业

跨越热带、亚热带、暖温带、中温带和寒带等气候带的中国，是一个气候多样的国家，而且还拥有充沛的降水量、多种多样的土壤类型，适合各种园艺植物的生长。优越的气候、土壤环境培育了海量的园艺植物种质资源，这是我国园艺植物生产的基础。目前，国家种质资源长期库中保存了 3 万多份蔬菜种质资源，国家果树种质资源圃保存的果树种质也逾万份，其中 200 多份蔬菜和 100 多份果树抗病、优质的种质已经被鉴定，选育出的主要果树品种 200 多个、蔬菜品种 1 000 多个，为我国园艺作物生产立下了汗马功劳。丰富多样的气候、地理条件以及丰富园艺植物种质资源，是我国成为世界园艺产业大国的必要条件。我国园艺生产规模历年来居世界第一，大多数蔬菜、水果、茶叶、花卉等园艺产品的种植面积和产量均居世界第一，我国的园艺业一直在世界园艺生产中占据举足轻重的地位。例如，2008 年我国水果栽培面积占世界总面积的 19% 左右，产量约占世界总产量的 15%，蔬菜的产量和栽培面积均占到世界的一半以上。然而，让人警惕的是，我国的园艺产品存在单产水平低、品质较差、品种类型单一等缺点，2009 年我国蔬菜的单产仅为 17.4 吨/公顷，尽管略高于世界平均水平，但明显低于发达国家单产水平，是美国的 1/5、荷兰的 1/7，而水果的单产仅为 17.4 吨/公顷，几乎低于所有的水果生产大国；现有的园艺作物品种大多为传统的品种类型，有益营养成分含量不高，外观品质差，满足一些特殊用途的品种甚少，如腌渍、加工等。这些不利的因素导致我国园艺产品在国际市场的占有率较低、产品的商品化率较低。2008 年世界园艺产品出口量占产量的 10.5%，而我国的比例仅为 2.2%，与世界主要园艺生产大国相比，中国园艺产品的国际商品化率可以忽略不计。可喜的是，近几年我国政府加大了农业科技的投入，一些新优品种逐渐被培育出来，并陆续投放到市场中，如高番茄红素的西瓜、糖酸比适宜的风味甜瓜、适宜硬度的加工番茄、薄皮核桃、高糖苹果、无核柑橘等，满足了国际市场的多元化需求，我国园艺产品的出口率在不断上升，商品化率也在不断提高，充分印证了“科技是第一生产力”的论断。现代园艺业，只有瞄准国内外市场的需求变化，求“新”、求“异”，才能求“发展”。

无论是中国还是世界各国，园艺都是十分兴盛的行业，而且是在持续发展的行业。园艺业已与农作业和畜牧业共同构成了未来平分天下的大农业，而且其发展速度远远快于农作业和畜牧业，是现代农业最有希望的支柱产业。纵观全世界，凡是经济发达的国家，其园艺业在农业中所占的比例较大，而且园艺的功能也发挥得淋漓尽致，比如设施园艺、有机园艺、都市园艺、家庭园艺、微型园艺、园艺治疗等，这些现代园艺类型进一步提升了园艺产品或园艺业的价值，是现代园艺业深化内涵的结果，代表了目前园艺业的发展方向。

1.4.2 设施园艺

尽管园艺植物在世界上的分布范围十分广泛，但由于气候变化无常，不同地区气候差异明显，某些时期、某些地区并不适合园艺植物的生长，因此设施园艺便应运而生。设施园艺是指在露地不适于园艺作物生长的季节或地区，利用温室等特定设施，人为创造适于园艺植物生长的环境，根据人们的需要，有计划地生产优质、高产、稳产的蔬菜、花卉、水果等园艺产品的一种环境调控农业，又称设施栽培，这是与露地栽培相对应的一种生产方式（图 1－13～图 1－16）。中国是世界上应用设施园艺技术历史最悠久的国家之一，最早的文字记载见于西汉的《汉书补遗》中：“太官园种冬生葱韭菜茹，覆以屋庑，昼夜燃蕴火，得温气乃生……”。到了唐代，设施栽培又有了进一步的发展，大历十年王健在描述宫廷琐事的《宫词》中写道："酒幔高楼一百家，宫前杨柳寺前花，内园分得温汤水，二月中旬已进瓜"，说明 1 200 多年前人们已用天然温泉水在早春季节种植瓜类蔬菜，促进瓜果早熟。我国古代劳动人民在创造中国特有的单斜面暖窖土温室瓜类蔬菜的冬春茬栽培方面积累了丰富的实践经验。如今，保护设施也是多种多样，我国特有的以节能简易、高效实用为主的保护设施有风障畦、阳畦（或称冷床）、温床、小拱棚、避雨棚、塑料大棚、日光温室等，国外发达国家园艺保护设施主要是机械化、以人工智能自动化控制环境的玻璃日光温室、植物工厂、无土栽培和工厂化育苗等大型设施。在欧美等发达国家，设施园艺即为现代温室的同义语，并不包括露地简易覆盖设施（如塑料大棚等）。现代的设施园艺已不再是传统的冬季保温、加温、防寒为主的温室园艺，而已发展到夏季的遮阳降温、避雨降湿、防风、休闲保健、环境保护等多元化的功能。

图 1－13 塑料大棚中栽培番茄

图 1－14 日光温室中栽培苹果

图 1－15 玻璃温室中栽培一品红

图 1－16 葡萄避雨栽培

设施园艺已经成为新世纪农业活动中最具活力的产业。我国设施园艺的快速发展起始于20世纪70年代末，当时以蔬菜为主的设施栽培有效缓解了我国长期存在的蔬菜长期短缺和冬夏两大淡季的市场供应的问题。从此，设施栽培从北方到南方，从冬季到夏季，从蔬菜到花卉、水果，得到了蓬勃的发展。我国正在转入全面建设小康社会，国民收入在不断提高，对蔬菜、水果和花卉的要求已从数量型向质量型转变，园艺作物的周年生产与安全供应显得十分重要。一般的园艺作物大都不耐低温和高温，喜欢温暖的气候环境，而在我国东北、内蒙古、新疆和青藏高原等地区全年无霜期仅为150～200天，最北部的海拉尔、漠河等地还不到100天，光热资源严重不足，每天不可缺少的新鲜蔬菜产期处于严重短缺状态，因为维生素缺乏而导致的夜盲症等疾病时有发生。20世纪80年代辽宁菜农与科技工作者率先在当地研发出塑料薄膜覆盖的单坡面节能日光温室，开创了在－20℃的高寒地区冬季基本不用加温生产黄瓜等喜温蔬菜的先例，并迅速在北纬33°以北的大半个中国推广普及，从而扭转了我国北方地区数千年来冬季蔬菜产期短缺的局面。我国南方夏季强光高温、台风暴雨和病虫害多发等灾害性气候与不利的环境，造成长期的蔬菜淡季，同样由于采用了遮阳网、避雨棚、防虫网和开放性的大棚、温室等设施栽培，有效缓解了夏季淡季蔬菜供应。此外，许多食用菌、水果、花卉，如草莓、葡萄、樱桃以及兰花、菊花、百合、杜鹃、月季、香石竹等，也因发展了设施栽培而实现了周年供应。设施园艺是一项可持续发展的产业，园艺作物的地上部和根际环境由于人工调控而得以优化，从而调节了作物的栽培时期、缩短了栽培时间、提高了土地使用效率；由于能遮风挡雨、控制室内气体交换、人工设施土壤清洁，从而减少了农药、化肥等化合物的使用量，避免了环境污染；设施内便于利用天敌昆虫防止病虫、昆虫授粉，减少了保花保果等激素的使用，有利于高产、优质、无公害园艺产品的生产。可见，设施园艺是资源与能源节约型、环境友好型的可持续发展农业的重要形式。我国有着广阔的沙漠、荒岛、海涂等非可耕地，还有城市、工厂、建筑物屋顶阳台与四周隙地，这些看似无用之地却是无土栽培、微灌滴灌、设施绿化等现代设施技术的用武之地（图1－17、图1－18）。我国地处沙漠和雪线以上的高原极地，如新疆克拉玛依、西藏拉萨、甘肃酒泉和玉门油田一代的大戈壁，通过发展日光温室或无土栽培而实现了规模化新鲜蔬菜生产。中东“弹丸之地”的以色列是一个沙漠国家，在严酷的沙漠地带发展设施园艺和节水滴灌，使沙漠变成绿洲，从农产品进口国变为出口国。东京、上海、深圳等国际化的大都市，密集的建筑物与空调配置形成了“热岛效应”，这些地区的屋顶阳台、四周隙地和道路也可采用设施园艺、无土栽培等技术实行绿化，改善生活环境条件。

图 1－17　番茄节水灌溉——滴灌

图 1－18　无土栽培芹菜

设施园艺是一种高投入、高产出、高效集约型的现代农业形式。相对露地生产而言，设施栽培提供了更加优越的生产环境，园艺作物的产量、品质大幅提高，生长季节大大延长，经济效益是露地的几倍甚至十几倍。荷兰的现代温室，每年每平方米番茄产量高达 80 千克，黄瓜 100 千克，日本植物工厂中生菜每年每平方米产出 150 千克，产量比露地高出数十倍。同时，优化的设施栽培环境减少了病虫害的侵袭和因各种气候、土壤逆境的胁迫而出现的生长障碍，更易于产出安全优质的产品。由于高产、优质、产期调节三大特点以及优质品种的选择，设施园艺的高投入也换来了高效益、高回报。

1.4.3　家庭园艺

家里的阳台、窗台和露台，摆上一盆绿意葱茏、造型大方的盆栽，为家居平添了几分灵性和生机。随着现代人居环境的不断进化，人们生活水平的不断提高，人们的居住观念也正在经历着从“居者有其屋”到“居者优其屋”的发展变化，家庭园艺正受到越来越多城镇居民的青睐。家庭园艺是指在室内、阳台、屋顶或庭院等空间范围内，从事园艺植物栽培和装饰的活动（图 1－19～图 1－22）。从事家庭园艺活动不仅能为我们提供营养丰富的蔬菜、水果和赏心悦目的花卉，还能锻炼身体、陶冶情操。当今少子化社会带来的一些问题日渐突出，比如人情淡薄、爱心缺乏、价值观丧失、社会与家庭问题突出等。而青少年在从事家庭园艺活动的过程中，不仅可养成爱劳动的习惯，也可培养出耐心、细心与爱心。种子发芽、幼苗成长、鲜花绽放和果实成熟，植物的整个生长过程会给他们带来一种非常可贵的生命体验。现在越来越多的“空巢”老人醉心于家庭园艺活动，从花草果菜中收获累累果实，也获得无限乐趣，从而意识到自己的价值，忘却寂寞和孤独。美国历史上经济大萧条时失业严重，多数人生活拮据，常常局限于家庭内从事家庭园艺活动，

图 1－19　室内绿化

图 1－20　庭院绿化

图 1－21　阳台绿化

逐渐形成了一种文明、高尚、优雅的生活习惯，给美国带来了巨大的文化进步。城市化进程的加快，导致越来越多的人远离土地和植物，甚至不识五谷杂粮，“小麦与韭菜不分”“草莓在树上结果”的笑话就是城市生活对人的异化作用的典型体现。家庭园艺有利于城市居民认识植物种类、掌握物候期变化、增长植物科学知识、提高生活质量。同时也可以让城市青少年在家里就可以接触到耕种文化、体验劳动，在回归自然中受到教育。快速的城市化还伴随着高楼迅速崛起、人口迅速增长、工厂的规模快速扩大，灰尘、废气、废水、噪声严重威胁着我们的身体健康。许多园艺植物具有吸附烟尘、净化空气、减弱噪声、调节小气候的作用。如柑橘、女贞、夹竹桃、菊花等植物能有效吸附环境中的二氧化硫、氟化氢等有毒有害物质；榆树、广玉兰、女贞等植物的枝叶能有效吸附空气中的尘埃，清洁空气；悬铃木、珊瑚树、女贞等植物可有效降低噪声、遮挡阳光；银杏、洋槐、悬铃木等植物具有调节气温和湿度等效果。以这些园艺植物为对象的家庭园艺活动，不仅可以美化自家的环境，而且还可以使“绿色家庭”成为城市的“绿肺”，调节城市气候、保护生存环境。

图 1－22　城市屋顶绿化

中国家庭园艺历史悠久。明末清初杰出农学家张履祥所著《补农书》记载了如今仍被广泛应用的家庭庭院种植模式，“前植榆、槐、桐、梓，后种竹，旁治圃，中庭植果树”。商周时期帝王家的“圃”，把自然景色优美的地方圈起来，放养禽兽，供帝王狩猎，可以说是家庭园艺场的雏形。魏晋南北朝时期，私家园林数量逐渐增加。唐宋时期的达官贵人和文人墨客开始将诗与画融入私家园林的布局与造景中。到了明清，江南的私家园林艺术有了精深的造诣，在设计和建造上都达到了高峰。在欧洲，法国早在 1959 年就推行“以花装饰法国”运动，英国也于 1964 年展开“花开美丽英国”运动，目的在于通过对街道、生活环境的美化、对历史建筑物与自然环境的保护以促进观光、提升其国际形象。巴黎继前几年在城市楼房建立“屋顶农场”之后，最近又开始发展家庭“阳台上的果菜园”，种植各种水果蔬菜，如草莓、苹果、桃子、柑橘、樱桃、梨、番茄、豌豆、萝卜、卷心菜、黄瓜和香葱等。巴黎城区或郊区的园艺用品商店提供一些选育的矮化果树品种，并提供种植和管理方法。在美国，园艺是第一号户外闲暇活动，他们认为园艺就是居室的脸面、住家的灵魂、兴旺和衰落的象征。美国人对待园艺的感情，不亚于对待孩子，总是精心照料。他们渴望用园艺来装扮家庭，美化环境，寻求一份安宁。据美国的《居室美化杂志》的调查，美国从事园艺活动的人数已超过7 800万，已经超过成年人总数的40%，84%的家庭至少从事一种园艺活动，其中趣味栽培花草和蔬菜是最受欢迎的休闲活动之一。

当前，国外的家庭园艺已经发展到更为完善与成熟的产业化阶段。在欧美国家，庭院已经成为人们生活中不可或缺的一部分，并且衍生出了一种新型的经济增长形式，这就是“庭院经济”。在发达国家，“庭院经济”已被看作是与市场经济并列的一种经济形式，被定义为“利用家庭资本和家庭成员中不付薪金的劳动力，来生产供家庭自己使用的产品和服务的家庭生产活动”。园艺活动虽然不向市场提供产出，但需要在市场中购买中间环节的产品和服务，并消耗应付费的水、电资源，实际上是一方面创造了有市场价值的产品和服务，另一方面增添了家庭和社区的福利。总之，园艺生产活动要产生各种消费，从而带来巨大经济效益。如美国从事园艺食品生产的家庭约有3 600万户，平均每户支出为70美元，总计达25亿多美元。近几年，全球家庭园艺用品的销售额将达到每年3 000亿美元，家庭园艺已形成一个完整、成熟的大产业。

1.4.4 观光园艺

全球农业的产业化发展使得现代农业不仅具有生产性功能，还具有改善生态环境质量，为人们提供观光、休闲、度假的生活性功能。农业与旅游业边缘交叉的新型产业——观光园艺应运而生。观光园艺是把园艺生产与旅游观光有机结合的新经营方式，是集生产、旅游观光、休闲度假、科普教育于一体的新兴农业模式（图1－23～图1－28）。观光园艺构筑“城市—郊区—乡间—田野”的空间休闲系统，形成了“可览、可游、可居、可吃、可参与”的乡村田园景观，使城市人在休闲观光中领略到农耕文化及乡土民风的神奇魅力，为城市旅游业增添一道亮丽风景。作为集生产、旅游观光、休闲度假、科普教育于一体的观光园艺，其基本功能应体现在生产性、生活性、观光性和科普性。生产性是观光园的主体和支柱，以直接获取经济效益为原则，以市场为导向，以科技为依托，以经济为中心，生产高档、优质、高产值的安全食品；生活性主要是指为游客提供游乐、休闲和居住环境，使游客更接近大自然，体会返璞归真的自然境界；观光性是指园区的人文资源及湖光山色自然景观，以及通过造园艺术创造的观光景观，如奇瓜异果园、自然生态园艺植物园，环境优美的山谷、蝴蝶谷（泉）、乡村文化，生物技术、溪涧等；科普性是指园区包含的科技交流和科普教育功能，主要为果蔬生产经营者开展科技交流，为青少年农业科普教育、夏令营等活动提供场所，这种结合知识教育的田园生活，使游客活动内容更加丰富充实，从而提高观光果园的品位。从我国成功的观光园艺案例来看，其经营模式主要有四种，也就是传统农艺模式、乡村文化利用模式、科技型模式、奇异型模式。传统农艺模式主要展示园艺产品生产和园艺耕作过程（特别是一些特色园艺产品生产过程），由员工进行富有特色的传统园艺生产和现代园艺生产过程的表演，供游客观赏，也可由游客亲自采摘果实或在员工的指导下直接参与一些简单的农作过程劳动。乡村文化利用模式有两种形态，一是地域文化，二是历史文化。“地域文化”即具有山区特色的农业文化和农家生活文化，如著名的“岳池农家文化旅游节”。“历史文化”或“农艺史话”是历史上与农业相关的典故、史事等，如：“一骑红尘妃子笑，无人知是荔枝来”“增城挂绿的传说”。融入了乡村文化的观光园，让游客在田园风光里既得到物质

图 1－23　丝瓜长廊

图 1－24　南瓜长廊

享受，又获得文化享受，可以成为旅游休闲农业的一大特色。科技型模式是将现代农业科技应用于园区的设计，它的类型和内涵都相当丰富，让游客体验农业科技的发展对生活的影响。例如，基因农业是很多人不熟悉的，利用人们的好奇心理，建立观光的基因农场。再如有机质无土栽培、嫁接技术、园艺作物产期调节、植物工厂等。奇异型模式是利用各地独特的园艺产品而建立起来的休闲农业，用以满足人们寻求离奇的心理，如巨型南瓜、玩具葫芦、番茄树、空中结薯、迷雾栽培等。

观光园艺是经济发展、城乡都市化的产物，随着城市的发展，集良好社会效益、生态效益和经济效益于一体的观光园艺，必然会迅速发展，它既增加城乡公共绿地，又增加景点景区和美化环境，是为常住居民增添游乐休憩的好地方，更能增添具有地方特色的旅游资源，吸引更多的国内外游客前来观光旅游，从而促进城乡经济和其他行业的进一步发展。20 世纪 90 年代中后期我国各地出现不少休闲农业或观光果园。广东省 2000 年就有 80 多个观光果园，每年接待游客 500 多万人次；湖南 2006 年有 70 多个休闲农业园区；浙江 2006 年就有 442 个休闲观光农业园区，吸引投资 92 亿元；北京休闲农业和旅游观光农业发展迅速，截至 2004 年，农业观光园区超过 200 个。如小汤山国家级现代农业科技示范园是集旅游观光、农业考察、科普教育、温泉疗养、特色餐饮、种植采摘、安全蔬菜生产于一体的现代农业观光园，园内建有 2 500 米绿色农作物长廊、台湾三益温室、花卉温室、高新品种展示温室、园林植物园、盆景艺术馆和茶庄。长廊内种有葡萄、苹果和各种观赏蔬菜，如樱桃、番茄、豌豆、葫芦、瓠子。三益兰花温室，培育有上百种蝴蝶兰及卡特兰、文馨兰、兜兰等亚热带兰花，拥有 3 000 平方米的组培车间，参观三益温室会让你亲身体会农业高科技的无穷魅力。此外，占地 3 300 平方米的高新品种展示温室内利用计算机技术有效地控制温度和湿度，通过立柱式栽培、墙体栽培、管道式栽培等多种栽培方式，采用岩棉、泥炭等基质种植了多种特色果蔬，如紫背天葵、番杏、叶甜菜、人参果、巨型南瓜等。其中最吸引人们目光的是几株水培番茄树，每株可结果 10 000 ~ 12 000 个，单果重达 250 克左右，既具有很高的观赏价值及科技含量，也是餐桌上的佳品。

图 1-25　巨型南瓜

图 1-26　立体无土栽培

图 1-27　空中结薯

图 1-28　番茄树

1.4.5　园艺疗法

很早人们就发现，园艺活动不仅能够提供美味可口的果菜、赏心悦目的花卉，还能够减缓心跳速度，改善情绪，减轻疼痛，对病人康复具有很大的帮助作用。古埃及医生给精神病患者治病的方法之一，就是让病人到公园中活动。早在1699 年，一位叫李那托 · 麦加的人就在一本名为《英国庭园》的书中对园艺的治疗效果记述道：在闲暇时，您不妨在庭园中挖挖坑，静坐一会，拔拔草，这会使您永葆身心健康，这样的好方法除此之外别无他途。从 17 世纪晚期到 20 世纪中期，不同种类的医院环境，比如疗养院中大自然、绿色的风景、阳光和新鲜的空气都是康复过程中的重要组成部分。18 世纪晚期，精神病学先驱 Benjamin Rush 在其临床实践的基础上，正式提出从事园艺活动对精神病人有治疗效果的观点。1813 年，著名的费城友谊医院成立，并在 1879 年建成了第一个花房，用于治疗精神病患者，它是这一时期积极开展园艺治疗机构的代表。园艺活动的养生保健、甚至治疗作用已经被医学界所认同，专家们称通过园艺活动来保健或治疗病人的方法为“园艺疗法”。现在美国越来越多的卫生医疗机构，从医院到老年护理院，再到精神病院等，都青睐“园艺疗法”（图1－29）。

图1－29 美国纳帕谷医院康复花园

美国园艺疗法协会对园艺疗法的定义是：对于有必要在其身体以及精神方面进行改善的人们，利用植物栽培与园艺操作活动，从其社会、教育、心理以及身体诸方面进行调整更新的一种有效的方法。广义地讲，园艺疗法是指通过植物（包括庭园、绿地等）及与植物相关的诸活动（园艺、花园等）达到促进体力、身心、精神恢复的疗法，它是艺术和心理治疗相结合的一种治疗方式。园艺疗法的治疗对象除了残疾人、高龄老人、精神病患者、智力低能者、滥用药物者、犯罪者以及社会的弱者等之外，还对健康、亚健康人群具有保健效果。

园艺疗法作为一种医疗技术手段有很长的历史，但是作为一种科学或者说是学科专业却是在20世纪末或21世纪初。在欧美及日本，大学已设置园艺疗法相应的专业，它也是比较年轻的专业。在中国，尽管有不少研究者注意到这个领域，但由于对园艺疗法的效果认识不足，直到目前为止，我国大陆还没有建立一个园艺疗法的相关团体或机构，没有园艺疗法的相关杂志期刊，没有大型的园艺疗法的研究项目。大多研究者还只是停留在介绍国外研究状况和普及园艺疗法相关知识的层面上，缺少对园艺疗法的实际应用。港台地区的园艺治疗比中国大陆发展得要好，尤其以台湾地区发展得更为迅速。20世纪80年代，台湾园艺学术界就开始了对园艺治疗的讨论。21世纪初，文化大学首次开设景观园艺治疗的课程，并在2005年有了第一本关于园艺疗法的完整论著——郭毓仁的《治疗景观与园艺疗法》。2007年，第一届“园艺疗法国际研讨会”在我国台湾获得广泛回响，并于2008年5月，在台北、台中、花莲举办第二届园艺疗法国际研讨会。

由于我国人口众多，老年化程度逐渐提高，生活节奏加快，精神压力增大，园艺疗法在中国会有比较大的需求。目前，通过媒体及学者所做的大量普及工作，公众逐渐开始了解并接受园艺疗法。在北京、福建等地，也开始在筹建园艺疗法园，而在2011年西安世界园艺博览会上，相信不少人近距离感受过日本的园艺疗法园。

以上介绍的设施园艺、家庭园艺、观光园艺、园艺疗法只是园艺发展较为迅速的四个方面，在这个庞大的园艺产业中，还有许多新兴产业类型，伴随着园艺业的壮大而得到了快速发展。如有机园艺、都市园艺、微型园艺、市场园艺、运输园艺等，各个新的产业虽然有其发展重点，但相互之间也有交叉，可以说“你中有我，我中有他”，它们相互协调，共同发展。这些新兴的产业类型将成为现代园艺业中新的经济增长点，它们的快速发展，凸显了现代园艺的发展趋势，丰富和深化了园艺的内涵。

园艺不仅为我们提供了丰富的营养物质，也给我们带来了极大的精神享受。当今的世界，凡是经济发达的国家，其园艺业也十分发达。我国的园艺业已经占到种植业的45%，江苏、浙江、山东等经济发达地区甚至达到70%，我国正逐渐走向世界园艺大国。然而，尽管我国园艺业的规模在不断扩大，尽管我国园艺业历史悠久，比欧美诸国早600~800年，然而我们应清醒地认识到，我们的园艺生产水平、科技水平还落后于发达国家，个体、分散、原始的作业方式还依然存在于园艺生产中。将现代科技应用于园艺生产，以自主创新来提升我国园艺的内涵，这是现代园艺发展的必由之路。可喜的是，在党中央提出创新型国家的发展战略下，我国的园艺科技已经取得了重大进展（特别是基因组研究领域），这也必将推动园艺产业走向发展的快车道。

2 蔬菜漫话

自古以来，“谷不熟日饥，菜不熟日馑”。蔬菜有史以来就是人们日常饮食中必不可少的食物之一。早在3 000 多年的《诗经》里就记录有“七月食瓜，八月剥枣”的生活习俗。1977 年，考古工作者在长沙马王堆汉墓的女尸消化道中发现了138 颗甜瓜子粒。蔬菜自诞生以来就行使着为人体提供各种营养物质的角色。随着全球工业进程的加快，我们的生活环境正不断恶化，产生大量的自由基，导致全球已有20 亿或更多的人产生多种疾病。蔬菜中的多种维生素、矿物质微量元素以及相关的植物化学物质、酶等都是有效抗氧化剂，能有效地应对各种疾病，蔬菜不仅是我们生存环境的美化者和保护者，还是各种疾病的预防者。随着全球一体化进程的加快以及人们生活水平的提高，蔬菜的重要性日益凸显，蔬菜生产规模在不断扩大，蔬菜产业链在不断地延伸，越来越多的科技人才加入到蔬菜研究领域，蔬菜科技日新月异，蔬菜新品种、新产品不断涌现。我们正在享受着蔬菜给我们带来的美好。

2.1 古老的蔬菜

2.1.1 历史的足迹

寒瓜方卧垄，秋菰亦满坡；紫茄纷烂熳，绿芋郁参差；初菘向堪把，时韭日离离（图2-1）。

这是南北朝时期南朝诗人沈约（441—513）的《行园诗》，诗中描绘出1 500 年前我国蔬菜种类繁多、生机勃勃的情景。早在古代文献《尚书》中就有“谷以养民，菜以佐食”的记载。中国古书中常见的“饥馑”一词，其中“饥”是指没有饭吃，而“馑”则是指没有菜吃。清代杨屾（读 shen）在《知本提纲》中说：“夫谷食为生，而蔬果亦足以养命；稼穑既力，而园圃安可以废功?”说明蔬菜和粮食作物一样，在国计民生中处于非常重要的地位，自古以来就受到人们的重视，在人们的日常生活中不可缺少。

图 2－1　我国古代菜园

在我国，蔬菜生产有久远的历史。在西安半坡村新石器时代原始部落遗址中，考古人员曾发掘出蔬菜的籽粒，经考证距今有六七千年。殷商时期的甲骨文中就有“园”“圃”……字样，说明早在 3 000 多年前已有生产蔬菜的菜园了。先秦农书《夏小正》“正月”中有“囿有见韭”的记载；最早的诗集《诗经》中有“九月筑场圃，十月纳禾稼”“采葑采菲”“疆场有瓜”等诗句，并有多种蔬菜种类的记载。《诗经》里面提到了 132 种植物，能作为蔬菜的只有 20 余种，到了后代，大部分已退出蔬菜领域，成为野生植物，如荇、苕、苞之类。春秋、战国时期，各诸侯国为生存图强，竞相发展蔬菜园艺业。战国时期思想家荀况就主张发展农业经济，广种“百蔬”。据《论语》记载，樊迟曾向孔子请教种庄稼的学问，孔子连声说“吾不如老农”“吾不如老圃”，这说明在 2 400 年前，我国农、圃已经分工，有专事蔬菜生产的“老圃”了。

汉代开辟的“丝绸之路”成为我国与中亚、西亚各国的主要商业渠道，农业领域的交流也日益增强。先后引入黄瓜、蚕豆、豌豆、大蒜等蔬菜，其后经过驯化、培育，在我国各地普遍栽培。西汉后期的蔬菜栽培技术有了明显的发展，嫁接、摘心等植株调整技术和间套作等多熟栽培技术已经出现。北魏时期蔬菜栽培技术又有了新的发展，从选地、耕作、浸种、催芽、播种、定植、施肥、灌溉到收获、留种，已形成了一整套精耕细作的菜田管理技术。历史学家司马迁在《史记·货殖列传》中记述了当时发展农业生产，实行多种经营方式的情景，其中也提到“千畦姜韭”，说明大面积种菜所得可与千户侯相比，种菜也是一种发家致富的途径。当时的蔬菜主要有5种，也就是葵、藿、韭、葱、蒜。葵，为“百菜之主”，植物分类学上称冬葵，也就是现代的冬寒菜，唐代以后，种植逐渐减少。藿，也是先秦时的主要蔬菜，它是大豆苗的嫩叶，今天也不再拿来当菜吃了。韭、葱、蒜在我国古代蔬菜中独成一属，也有较大的栽培面积和消费群体。《汉书·召信臣传》中记载太官园在冬天用温室生产葱、韭菜的情况，并把这样培育出来的韭菜叫“韭黄”。此外，萝卜、蔓菁等根菜类也有广泛栽培。

三国时期，蔬菜生产同样受到重视。据《吴录》（晋·张勃著）记载有“陆逊催人种豆、菘”；王祯在《农书》中记述，蜀国军师诸葛亮带兵作战时，每到一地，就叫士兵种蔓菁（又名芜菁），因为这种菜“四时均有，春食苗，夏食心，谓之苔子，秋可为菹（读zu，酸菜），冬根宜蒸食，菜中之最有益者”。因此，四川一带至今还把这种菜叫作诸葛菜。南北朝时北魏杰出的农学家贾思勰总结当时及前人农业生产经验，写成著名的农学专著《齐民要术》，对后来的蔬菜生产产生了重要的作用。该书从第十四到第二十九篇，共16篇，专门总结了蔬菜生产经验，记载了许多先进的栽培技术。书中还特别重视发展城市郊区蔬菜生产，提出“务须多种瓜菜、茄子等”，主张从十亩地中，选出五亩好地，其中二亩半种葱，二亩半种其他杂菜，所产蔬菜不仅可供自己家用，多余的还能供应城市居民需要。这种发展城郊农业、保障城市经济繁荣的思想，早在1 400年前就被我国古人提出来，对于现在城乡经济的发展，也是值得借鉴的。

唐代以后，蔬菜生产得到快速发展。唐代疆域辽阔，交通发达，通过陆路和水路，引进蚕豆、胡椒、菠菜、莴苣、莙蓬等蔬菜，使我国蔬菜品种日益增多，生产技术不断提高。据宋代史书记载，北宋京城汴梁（开封）、南宋都城临安（杭州）市郊，“百里之内，并无闲地”，“弥望皆菜园”。元代三部重要农书：大司农司的《农桑辑要》、王祯的《农书》和鲁明善（维吾尔族）的《农桑衣食撮要》，都系统地总结了蔬菜生产经验。王祯《农书》中仅瓜类就列举了甜瓜、胡瓜（黄瓜）、西瓜、冬瓜、瓠瓜等多个种类，并说明“瓜之为种至伙也”。明清时期，中国与世界各国水陆交通日益发展，文化交流频繁，又先后引进马铃薯、番茄、向日葵、辣椒、南瓜、菜豆、甘蓝、苦瓜、丝瓜等，更加充实了我国的蔬菜品种。

2.1.2 古老的蔬菜技艺

我国古代劳动人民在漫长的蔬菜生产实践中，不断总结经验，提高生产技术。意识到蔬菜生产比起大田粮食作物更强调精耕细作，建立了包括熟耕土地，肥多水勤，精心管理等一系列蔬菜生产措施。土壤是蔬菜生长的重要条件，宋代吴怿在《种艺必用》里说“治园可令土极细”；种蒜，“宜良软地，三遍熟耕”(《齐民要术》)；种萝卜，“地宜肥，土宜松，浇宜频，种宜稀”(《农政全书》)。北方易干旱，为适应这种环境特点，汉代农学家泛胜之总结出当时流行的“区田法”，就是“掘地作坑”，把田地分成许许多多方块或条状、低于地面的小区(以防止水分流失)，在小区内实行精耕细作，多施肥，勤浇水，用这种方法栽培的瓜、瓠、芋等都获得好收成，可得“亩万钱”。栽培蔬菜采用更多的是“畦种法”，此法相当于今天的平畦或高畦。《齐民要术》提出“春必畦种水浇”，还具体指出菜畦“阔四尺，长一丈二尺”。肥、水是蔬菜生长不可缺少的条件，总的要求是多施肥，多浇水。在天旱无雨时，为及时栽种，“必须借泽，蹉跎时机，则不得矣”(《齐民要术》)。所谓“借泽”，就是通过人力浇灌。对于施肥，《便民图纂》提出，种菰（茭白）“多用河泥壅根，则色白”。王祯《农书》中“韭畦用鸡粪尤佳”。《种艺必用》中记述，香菜就不能用粪浇，浇则不香，体现了较强的科学道理：肥水充足导致香菜旺盛生长，一些香味物质积累速度慢，造成“株大而不香”。古人种菜施肥，提倡用熟粪（腐熟的肥料），不宜用生粪（未腐熟的肥料），生粪因发酵放热使植物根系死亡，导致“地荒芜”，一般主张以土粪较好，土粪还能起防寒作用。菜地还必须勤加管理，“旱则浇之，有草锄之”，“锄不厌多”(《齐民要术》)(图2-2)。这些栽培方法与现代蔬菜栽培方法一致，具有较强的科学

图2-2 《齐民要术》中耕作情景

依据。农业生产要与天争时，及时耕作。《四民月令》提出“二月别小葱，六月别大葱，七月可种大小葱”，指出了播种时期要适宜。《齐民要术》对种瓜时期的具体要求是“二月上旬种者为上时，三月上旬为中时，四月上旬为下时”，说明一旦错过种植季节，蔬菜不仅减产，而且质量也低。

蔬菜采收也要及时。《齐民要术·种椒》提出：“候实口开，便速收之。天晴时摘下，薄布，曝之令一日即干，色赤椒好。”而豆类，应在“茎尚青时即收”，因为“豆熟于场”，如果收获不及时，在地里过熟，豆粒就会跳出，产量就降低了。蔬菜生产受地理、气候等自然条件的限制，有一定季节性。古人与天争春，为实现蔬菜周年生产，四季都能吃上鲜菜，很早就创造了蔬菜促成栽培技术。据《汉书·循吏传》记载：“太官园种冬生葱韭菜茹，覆前以屋庑，昼夜燃蕴火，待温气乃生。”这是用火提高室温，使蔬菜提早成熟，说明早在2 000多年前，我们祖先已发明利用温室来生产蔬菜了。在欧洲，古罗马人民为使王公贵族终年吃上新鲜瓜果，于公元二三世纪时也设计了温室，但我国温室的出现要比欧洲提早二三百年。此后，蔬菜促成栽培历朝历代都有记载。古代生产蔬菜，为了充分发挥土地的生产潜力，还创造了灵活的粮菜轮作以及间作、套种等耕作制度。《齐民要术·种瓜》记载“良田，小豆底佳，黍底次之”，又提出“其拟种之地，必须春种绿豆，五月掩杀之”。在今天看来，豆科植物（如大豆）根系因有固氮的作用，前茬种豆，后茬蔬菜可以少施氮肥。葱地间种胡荽（即香菜），麻地套种芜菁等间套作栽培方式十分普遍。蔬菜种子较轻，为使播种均匀，《齐民要术》提出菜籽与谷子混种的方法。瓜类蔬菜种子出土能力弱，还采用与大豆混播方法，利用快速生长的大豆苗帮助瓜苗破土。这些栽种方法和措施，显示了我国古代先民的聪明、智慧和创造才能。

除了创造各种栽培技术外，我国古代人民也积累了丰富的蔬菜育种经验。据统计，《诗经》中所记载的蔬菜仅有10余种，秦汉时就增加到20多种，南北朝时《齐民要术》中已达30余种，唐代《四时纂要》记载有36种，明代《农政全书》中所记载的蔬菜有47种，到了清代，吴其浚《植物名实图考》中食用蔬菜达到80余种。而现在，我国的蔬菜种类已经达到200种以上。这些种类繁多、品质各异的蔬菜是怎样创造、选育出来的呢？我国古人积累了丰富的蔬菜选种经验。古书中记载，最早的蔬菜是经过先民“尝草别谷”而来，也就是从野菜中经过尝试、选择、驯化出来的，经过日积月累，世代相传，品种日益丰富。古书对于瓜类蔬菜的选择记载较多。《齐民要术》的记载是“食瓜时，美者收取”，吃瓜时选取好的瓜籽做种子，这是最简便易行的选种方法。还提出“收瓜子常岁岁取本母子瓜，截去两头，止取中央子”。所谓“本母子瓜”，是刚长出几片叶时结的瓜，这种瓜成熟早，种子发育充分。同一个瓜内，中间的瓜籽比两头饱满，因而“止取中央子”，这是优中选优、不断提高品种质量的方法。而对茄子的选种，则采取“水选法”，将种子放进水里，选取下沉的籽做种，因为沉者籽粒饱满、结实，堪称良种。这些选种留种的方法成为现代栽培蔬菜驯化和改良的基础，且一直沿用至今。

2.2 丰富多样的蔬菜

2.2.1 种质资源的交流

蔬菜是人们日常生活所必需的重要佐餐食品，其种类也是人们生活质量的一个反映。人类的需求是广泛的，也是在不断变化的，因此，蔬菜的种类也应该满足人们不断变化的需要。然而，当前丰富多样的蔬菜是怎么来的呢？大量的历史、科技文献表明，一个地区的蔬菜不仅有当地原产的，也就是由本地野生植物驯化而来的，还有的是由邻近或远距离的地区自然或通过人类活动传播而来的。同样，我国的蔬菜也是如此，有的是我国原产的，有的是从世界各地引进的，从而形成了我国丰富多彩的蔬菜种质资源。

我国原产的蔬菜种类非常多，主要有大白菜、白菜、芥菜、大头菜、萝卜、赤豆、长豇豆、竹笋、山药、草石蚕、芋、魔芋、酸浆、荸荠、莲藕、慈姑、茭白、蕹菜、葱、韭菜、荞头、茄子、葫芦、丝瓜、茼蒿、紫苏、落葵等，这些蔬菜不但作为传统蔬菜在中国广泛栽培，而且绝大多数扩散至其他国，已成为世界性蔬菜。中国是具有千年文明的古国，历史上很多统治者都注重与周边各国的商业往来，其中也包含了蔬菜在内的作物种质的交流。查阅分析历史文献发现，我国从世界各国引进蔬菜主要经历了四条路线：第一条是从印度和南洋群岛引进，主要蔬菜有生姜、冬瓜、茄子、丝瓜、苦瓜等；第二条是经“丝绸之路”从中亚和近东地区引入，主要蔬菜有菠菜、蚕豆、豌豆、瓠瓜、扁豆、西瓜、甜瓜、黄瓜、胡萝卜、大蒜、大葱、芹菜、芫荽等；第三条是明清时期由海路引进，主要蔬菜有菜豆、豆薯、南瓜、西葫芦、笋瓜、佛手瓜、辣椒、马铃薯、番茄、菊芋、甘蓝、结球莴苣、朝鲜蓟、根甜菜、洋葱等；第四条是现代多途径的引进方式，主要是一些现有蔬菜种类的新优品种或类型。从20世纪80年代开始，中国与世界各地的交流又日益频繁，尤其是我国一直实施的引进国外新品种和新技术项目（如引进国际先进农业科学技术计划，简称“948”计划），将世界各地的稀特名优蔬菜种类和品种源源不断地引入我国，极大地丰富了中国蔬菜的种类与品种。如从国外引进的樱桃番茄（又名圣女果）、紫色马铃薯、水果黄瓜、紫甘蓝、结球莴苣、白玉春萝卜等优良的种类和品种，深受国内人民的喜爱，现已有较大的栽培面积。从国外引进的一些蔬菜，经过长期的驯化和定向选择，人们已培育出适合中国自然环境条件和食用习惯的品种（比如我国的育种单位目前已经培育出近百个樱桃番茄新品种），有的还演化成不同的变种、生态型（如观赏价值超过食用价值的羽衣甘蓝，是甘蓝的变种）（图2－3）。许多外来蔬菜，如黄瓜、甘蓝、番茄、辣椒、菜豆、马铃薯等已成为我国的主要蔬菜种类，在人们的生活中占有重要地位，也是我国出口创汇的重要蔬菜。

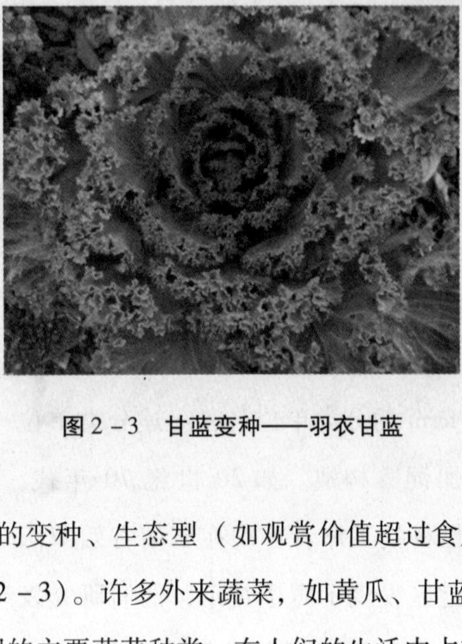

图2－3 甘蓝变种——羽衣甘蓝

2.2.2 蔬菜的分类

蔬菜的种类繁多，食用器官多样，有柔嫩的叶子，新鲜的种子和果实，膨大的肉质根或块茎，还有的是嫩茎、花球或幼苗。除了一二年生草本植物外，还有多年生草本（如金针菜、石刁柏、韭菜、草莓）和木本植物（如竹笋、香椿、刺槐花），以及许多真菌和藻类（如蘑菇、香菇、紫菜、海带等）。由于不同蔬菜种类的生物学特性、生态适应性和栽培管理技术等差异很大，为了更好地研究、保护和利用蔬菜，科学的分类十分必要。蔬菜植物的分类方法很多，在生产上常用的主要有植物学分类法、食用器官分类法和农业生物学分类法。

植物学分类法是世界通用的分类方法，它主要依据蔬菜植物的形态特征，尤其是花的形态特征进行分类，其分类体系包括界、门、纲、目、科、属、种等分类等级，种为基本的分类单位，我们在前面提到的一些蔬菜名称大多是种与种的差别，但由于蔬菜种类繁多，常常在种以下还划分亚种和变种。分类等级越高，区别越明显（无明显亲缘关系）；分类等级越低，区别越细微（有一定程度的亲缘关系）。按照植物学分类法，每种植物都按植物学命名法起一个“拉丁学名”，这就像人的身份证上的名字，是正式的姓名。拉丁学名的构成采用“双名法”或“三名法”。种的命名采用“双名法”，即由“属名 + 种加词”构成。如黄瓜的拉丁学名是 *Cucumis sativus* L.，“*Cucumis*”是属名（黄瓜属），“*sativus*”是种加词，“L.”则指命名人（为植物分类学家林奈的第一个英文单词）。亚种、变种、变型的命名采用“三名法”，即由“属名 + 种加词 + 亚种 ssp、变种 var 或变型 form 的分类单位名 + 上述分类单位的加词”构成。如 20 世纪 70 年代，我国科技工作者首次在云南省西双版纳地区发现了野生黄瓜，他们研究发现这种野生黄瓜是栽培黄瓜的变种，将它命名为 *Cucumis sativus* L. var. *xishuangbannanesis* Qi et Yuan（图 2.4）。这就是“三名法”，在原来的 *Cucumis sativus* L. 的基础上增加了变种分类单位名 var 和分类单位的加词 *xishuangbannanesis*，后面的“Qi”和“Yuan”则表示对这个新发现的野生黄瓜命名的人（一般是姓氏的拼音）。据不完全统计，我国栽培和食用的蔬菜近 70 科 200 多种，绝大多数属于高等植物的种子植物门，包括双子叶植物纲和单子叶植物纲。在双子叶植物中，以十字花科、豆科、茄科、葫芦科、伞形科、菊科为主；在单子叶植物

图 2.4　黄瓜变种——西双版纳黄瓜

中，以百合科、禾本科为主。此外，还有蕨类植物门的蕨菜、紫萁等，低等植物中的真菌门的各种食用菌类，地衣植物门石耳科的石耳、冰岛衣等，以及一些藻类植物。这些形形色色的蔬菜是丰富我们餐桌的重要保障。

食用器官分类法是更贴近蔬菜消费的一种直观的分类方法，它根据蔬菜的食用器官和食用部位不同将蔬菜分为根菜类、茎菜类、叶菜类、花菜类和果菜类5大类。这相当于人们因面貌特征不同而取的非正规的名字，如高个子、小胖子、卷毛等。食用器官分类法与蔬菜的消费食用关系密切，在蔬菜商品流通和营销中常用，也可指导蔬菜生产。

农业生物学分类综合了植物学分类法和食用器官分类法的优点，既考虑蔬菜植物的生物学特性，又兼顾其栽培管理技术，也称为栽培学分类法。它一般将生物学特性相似且栽培技术相近的蔬菜归为一类，把所有蔬菜分成直根菜类、白菜甘蓝类、茄果类、瓜类、豆类、葱蒜类、绿叶菜类、薯芋类、水生蔬菜、多年生蔬菜、野生蔬菜、芽苗菜类、其他蔬菜等13个种类。由于农业生物学分类法优点明显，且通俗易懂，在蔬菜生产、流通和研究中应用十分广泛。鉴于农业生物学分类法明显的优点，接下来我们对蔬菜分类进行一一介绍，并介绍其中一种代表性蔬菜。

2.2.3 直根菜类蔬菜：“小人参”——萝卜

直根菜类蔬菜是指以肥大的肉质直根为食用器官的一类蔬菜，均为二年生植物，起源于温带地区，喜冷凉的气候和充足的光照，耐寒而不耐热。种子发芽快，主根受伤后侧根容易萌发，不宜育苗移栽，要求耕层深厚、质地均匀、疏松肥沃的土壤。这类蔬菜有萝卜、胡萝卜、芜菁、根用甜菜、牛蒡、美洲防风等。

“小人参”——萝卜（图2-5）。萝卜原产于中国，自古就盛行，明代时已遍及全国。萝卜的种类较多，肉质根可分为长、圆、扁圆、卵圆、纺锤、圆锥等形状，皮色可分为红、绿、白、紫等，肉质也有白、红、青之分。萝卜营养物质十分丰富，主要有葡萄糖、蔗糖、果糖、香豆酸、咖啡酸、阿魏酸、苯丙酮酸、龙胆酸、羟基苯甲酸和多种氨基酸，有通气行气、增进食欲、止咳化痰和解毒散瘀的作用等保健功能，在我国民间就有“小人参”的美称。古时就有“萝卜上市，郎中下市”的说法，现在还有“萝卜上市，医生没事”“萝卜进城，医生关门”“冬吃萝卜夏吃姜，不要医生开药方”等谚语。潍坊萝卜（传统名谓“潍县萝卜”）历来有名，栽培历史已经有300多年，源于老潍县（潍坊市潍城区和奎文区的一部分）。据说，潍县萝卜种子拿到外地种植，结果都不成，究其原因，可能与当地水土有关。据考证，其产地谓：“北宫后、北宫前，郭家庄子、刘家园”。也就是说围绕北宫（现今的潍坊第一职业中专一带）一带的土地出产的萝卜，是上乘精品。“烟台苹果，莱阳梨，比不上潍坊的萝卜皮”，从这句谚语就不难看出潍坊萝卜的名气。此外，东濒黄海、南临长江的如皋，凭借优越的气候、土壤条件，也成为我国优质萝卜生产区，如皋萝卜皮薄、肉嫩、多汁，味甘不辣，木质素少，嚼而无渣等优点也已经蜚声海内外。

图2-5 樱桃萝卜

2.2.4 白菜甘蓝类蔬菜：百菜之王——白菜

白菜甘蓝类蔬菜是指十字花科芸薹属中以叶球、花球或肥大肉质茎等变态茎叶器官为食用产品的一类蔬菜，包括大白菜、结球甘蓝、花椰菜、青花菜、抱子甘蓝、茎用芥、抱子芥等。它们大多数起源于温带南部，要求温和的气候条件，耐寒不耐热。种子发芽快，可育苗移栽，根系较浅，要求保水保肥良好的土壤，对氮肥要求较高。

百菜之王——白菜（图2-6）。白菜，古名菘，有大白菜（结球白菜）和小白菜之分，为我国原产和特产蔬菜。新石器时期的西安半坡村遗址就有出土的白菜籽，说明我国白菜的栽培距今有六七千年了。19世纪传入日本、欧美各国。白菜一词最早见于杨万里的《进贤初食白菜因名之以水精菜》，不过大才子杨万

图 2－6　白菜类型

里把白菜夸得过分，他只不过把白菜放进白水里煮而已，并且白菜还剁成渣子，顶多加点盐，就称为“水精菜”。韩国人历来就对大白菜情有独钟，尤其是用它做泡菜。韩国有句话，一个家庭的食物口味可从他们家的韩国泡菜中知道。尽管白菜是一种普通的不能再普通的蔬菜，但是它的功能却不能小觑。它营养丰富，含有丰富的粗纤维、维生素 C 等，它还具有清热解毒的功效。“百菜不如白菜”“百菜之王”等都是对它的赞誉。我们今天所食用的白菜的高级变种——结球大白菜，是经历无数次演化和历代人民在长期的劳动实践中辛勤培育的结果。当代的大白菜已形成一个庞大的家族，可谓五彩纷呈，今非昔比。它的品系已发展到四个变种（散叶变种、半结球变种、花心变种和结球变种）和结球变种三个生态型（卵圆型、平头型和直筒型）的 1 000 余个品种。大白菜的适应性极强，已成为大江南北举国种植的“国菜”。

2.2.5　茄果类蔬菜：神秘的“狼桃”——番茄

茄果类蔬菜是指茄科中以果实为产品的一类蔬菜，包括番茄、茄子、辣椒等。这类蔬菜起源于热带地区，喜温暖不耐寒，要求在无霜期生长，为一年生植物。其根系发达，要求深厚的土层，较强的光照，对日照长短要求不严。环境越适宜，其结果期越长，单株产量越高。茄果类蔬菜的树化栽培已经十分流行，如人们已经成功培育单株产量达 3 000 千克的番茄树，以及单株果数在 200 个以上的茄子树，茄子嫁接增产栽培也已经开始盛行。2011 年，在素有“中国蔬菜之都”的山东寿光蔬菜科技博览会上首次展出了辣椒树，其单株果实数达288个，令世人震惊。也许在不久的将来，大面积栽培的番茄、茄子和辣椒逐渐消失，取而代之的是高达数十米的番茄树、茄子树和辣椒树，就像一些木本果树一样，这些蔬菜树不用每年育苗定植，它们不仅提供了大量的蔬菜果实，而且能美化环境，成为我们生活中的一道亮丽风景线（图2－7）。茄果类蔬菜的树化栽培充分反映出了茄果类蔬菜潜在的丰产特性，其观赏价值及科普意义已经超过了蔬菜产品本身的价值。

图2－7　茄子树（上）和辣椒树（下）

神秘的“狼桃”——番茄（图2－8）。番茄又名西红柿，是全世界栽培最为普遍的茄果类蔬菜之一。相传番茄最早在秘鲁和墨西哥被发现，原先是一种生长在森林里的野生浆果。当地认为它是有毒的果子，称之为“狼桃”，只用来观赏，无人敢食。虽然它成熟时鲜红欲滴，红果配绿叶，十分美丽诱人。但正如色泽娇艳的毒蘑菇一样，人们还是对它敬而远之，未曾有人敢吃上一口。据记载，16世纪，英国有位名叫俄罗达拉的公爵在南美洲旅游，很喜欢番茄这种观赏植物，于是如获至宝一般将之带回英国，作为爱情的礼物献给了情人伊丽莎白女王以表达爱意，从此，“爱情果”“情人果”之名就广为流传

图2－8　多彩的番茄

了，但仍没有人敢吃番茄。到了17世纪，一位法国画家曾多次描绘番茄，面对这样美丽可爱而“有毒”的浆果，实在抵挡不住它的诱惑，于是他冒着生命危险吃了一个，觉得甜甜的、酸酸的、酸中又有甜。然后，他躺到床上等着死神的光临。但几天过去了，他仍安然无恙。于是他把“番茄无毒，可以吃”的消息告诉了朋友们。不久，番茄无毒的新闻震动了西方，并迅速传遍了世界，番茄终于登上了餐桌。从此，番茄博得众人之爱，被誉为红色果、金苹果、红宝石、爱情果。番茄传到中国，也有近百年的历史了。1983年，中国考古工作者在成都凤凰山的一座汉代古墓中发现了番茄种子，说明中国在2000年以前已栽培番茄。科学家证明番茄含有多种维生素和其他营养成分，如番茄含有丰富的维生素C和维生素A以及叶酸、钾等营养元素，特别是它所含的茄红素是一种天然的抗氧化剂，对人体的健康更有益处。番茄品种极多，按果实的形状可分为圆形的、扁圆形的、长圆形的、尖圆形的；按果皮的颜色分，有大红的、粉红的、橙红的和黄色的。用途上，可以生食、煮食、加工制成番茄酱、汁或整果罐藏。番茄如同黄瓜一样，已经成为我国设施栽培的主要蔬菜种类。

2.2.6 瓜类蔬菜：瓜菜之首——黄瓜

瓜类蔬菜是指葫芦科中以瓠果为产品的一类蔬菜，包括黄瓜、南瓜、西瓜、甜瓜、冬瓜、丝瓜、苦瓜、蛇瓜、瓠瓜、菜瓜等。瓜类蔬菜多数为起源于热带的一年生植物，喜温怕霜不耐寒冷，只能在无霜期生长，多为雌雄异花同株。多数根系发达，要求深厚的土层。生育期要求较高的温度和充足的光照。

瓜菜之首——黄瓜（图2－9、图2－10）。黄瓜是由西汉时期张骞出使西域带回中原的，称为胡瓜。五胡十六国时后赵皇帝石勒忌讳“胡”字，汉臣襄国郡守樊坦将其改为“黄瓜”。但我们吃的都是还未真正熟的黄瓜，真正熟的黄瓜是黄色的皮，肉较硬，当年樊坦看到黄瓜是真正熟了的黄瓜，皮呈黄色，口感较老，但后人发现未长成熟的黄瓜脆嫩好吃，所以就在绿的时候摘下来供食用。清嘉庆年间的硕亭《京都竹枝词》中就有“黄瓜初见比人参，小小如簪值千金”的诗句，说明黄瓜在当时是一种很昂贵的蔬菜，平民百姓是吃不起的。现在，黄瓜已经成为我国栽培面积最大的反季节蔬菜，其栽培面积之大、产量之高，是调剂冬季、早春等淡季市场的主要蔬菜。我国黄瓜的种类主要分为两种：华南型黄瓜和华北型黄瓜。华南型黄瓜分布在中国长江以南及日本各地，其茎叶较繁茂，耐湿、热，为短日性植物，果实较小，瘤稀，少刺，嫩果绿、绿白、黄白色，味淡。华北型黄瓜分布于中国黄河流域以北及朝鲜、日本等地，植株生长势均中等，喜土壤湿润、天气晴朗的自然条件，对日照长短的反应不敏感，嫩果棍棒状，绿色，瘤密，多白刺。近几十年来，国际上植物种质资源交流频繁，一些耐低温弱光、果面光滑、浅绿色、果实短小的黄瓜传入我国，栽培面积不断扩大，这些黄瓜为欧洲温室型黄瓜，俗称水果黄瓜。尽管黄瓜种类较多，但世界上最好的黄瓜品种是我国的“黑龙江黄瓜”。中国只有黑龙江全境、吉林少部分是黑土地。黑土地要四亿年才能形成，是动植物的尸骨在经历很长时间才形成的高有机土壤，只有在世界上稀有的黑土地上种植的黄瓜才具有水足味甘、清脆可口之感。

图 2－9　华南型黄瓜（左）和华北型黄瓜（右）

图 2－10　欧洲温室型黄瓜

2.2.7　豆类蔬菜：肾的“粮食”——豇豆

豆类蔬菜是豆科植物中以幼嫩豆荚或种子为食用产品的一类蔬菜，包括菜豆、豇豆、毛豆、刀豆、扁豆、豌豆、蚕豆等。除豌豆和蚕豆为半耐寒性二年生蔬菜外，其他豆类一般都要求温和的气候条件，喜温怕寒不耐霜，为一年生蔬菜。豆类蔬菜有不同程度的根瘤菌，具有固氮的功能，幼苗根系易老化和木栓化，不耐移栽，需要直播或短苗龄育苗。茎蔓生，因而要获得高产需要支架。

肾的“粮食”——豇豆（图 2－11）。豇豆是我们日常生活中常见的蔬菜，果实为圆筒形长荚果。明代李时珍《本草纲目·谷三·豇豆》记载：“豇豆处处三四月种之，一种蔓长丈馀，一种蔓短”，“豇豆开花结荚，必两两相垂，有习坎之义”。豇豆果实微微变曲，像人肾的形状。人们所说的豆是肾的“粮食”，应该是指豇豆。昔日卢廉夫教人补充肾气，每天空腹吃煮熟的豇豆，加入少量的盐，大概就是根据这种道理吧。一些学者认为，豇豆起源地是非洲，因为在那里可以找到野生物种，但在历史记载中，黄河流域气候曾较温暖，根据古籍记载，我国可能亦为豇豆原产地之一。豇豆依茎的生长习性可分为蔓生型和矮生型。蔓生型植株主蔓侧蔓均为无限生长，主蔓高达 3～5 米，具左旋性，栽培时需设支架。叶腋间可抽生侧枝和花序，陆续开花结荚，生长期长，产量高。矮生型植株主茎 4～8 节后以花芽封顶，茎直立，植株矮小，株高仅 40～50 厘米，分枝较多。生长期短，成熟早，收获期短而集中，产量较低。

图 2－11　豇豆

2.2.8　葱蒜类蔬菜：蔬菜中的盘尼西林——大蒜

葱蒜类蔬菜是百合科葱属中以鳞茎或叶片为食用产品，具有香辛味的一类蔬菜，在日常生活中大多用作佐料，包括大蒜、洋葱、大葱、韭菜、细香葱等。有的用种子繁殖，也有的通过分株、小鳞茎等进行无性繁殖，二年生或多年生，生长速率慢，根系不发达，要求土壤湿润肥沃；生长要求温和气候，耐低温能力较强，鳞茎形成需要长日照条件。

大蒜是北方人最喜爱的蔬菜之一，它原产于西亚和中亚，自汉代张骞出使西域，把大蒜带回，至今已有2 000多年的历史（图2－12）。大蒜是人类日常生活中不可缺少的调料，在烹调鱼、肉、禽类和蔬菜时有去腥增味的作用，特别是在凉拌菜中，既可增味，又可杀菌。现代医学研究证实，大蒜集100多种药用和保健成分于一身，其中含硫挥发物43种，硫化亚磺酸（如大蒜素）酯类13种、氨

紫皮蒜　　白皮蒜

图2－12　大蒜

基酸9种、肽类8种、苷类12种、酶类11种。另外，蒜氨酸是大蒜独具的成分，当它进入血液时便成为大蒜素，这种大蒜素即使稀释10万倍仍能在瞬间杀死伤寒杆菌、痢疾杆菌、流感病毒等，使得大蒜具有神奇的杀菌效果。此外，大蒜还有抗癌、抗疲劳、抗衰老等多方面的作用。古人很早就意识到大蒜的神奇作用。早在2 100年前，恺撒大帝远征欧非大陆时，命令士兵每天服一个大蒜头以增强气力，抵抗疾病。时值酷暑，瘟疫流行，对方士兵得病者成千上万，而恺撒士兵无一染上疾病腹泻。仅用短短的几年时间便征服了整个欧洲，建立了当时最强大的古罗马帝国。第一次世界大战中，英国军需部门曾购买10吨大蒜榨汁，作为消毒药水涂于纱布或绷带上医治枪伤，以防细菌感染。第二次世界大战中，大蒜依然是许多国家的军医治疗士兵伤口的首选“药物”，当时，苏联曾誉称大蒜汁为“盘尼西林”。大蒜的品种很多，按照鳞茎外皮的色泽可分为紫皮蒜与白皮蒜两种。紫皮蒜的蒜瓣少而大，辛辣味浓，产量高，多分布在我国华北、西北与东北等地，耐寒力弱，多在春季播种，成熟期晚；白皮蒜有大瓣和小瓣两种，辛辣味较淡，比紫皮蒜耐寒，多秋季播种，成熟期略早。由于大蒜有特殊的药用价值，而且我国各地大蒜生产不平衡，2009年，大蒜成为众多投资者的首要炒

作对象，这些投资者被人们戏称为“炒蒜团”。在2010年上半年，大蒜的价格已经超过猪肉，价格飙升了近百倍，“一碗面条加一个大蒜头”这样过去十分简单的一顿饭已经变得十分的“奢侈”。“蒜你狠”成为2010年最流行的网络用语。

2.2.9 绿叶菜类蔬菜：食用纤维之王——芹菜

绿叶菜类蔬菜是以幼嫩的绿叶、叶柄或嫩茎为食用产品的一类速生蔬菜，生长速度快，生长期短，采收期灵活，栽培十分普遍，包括莴苣、芹菜、菠菜、小白菜、菜薹、芫荽、冬寒菜、茼蒿、苋菜、蕹菜、落葵等。这类蔬菜的种类多，形态、结构和风味各异，品种资源丰富，起源地较广。这类蔬菜在植物学分类上有的亲缘关系甚远，我国栽培的就有10多个科30多个种，对环境条件的要求也差异甚大。如既有耐寒的，如菠菜、芹菜等；也有耐热的，如苋菜、落葵；用种子繁殖，除芹菜外，一般不育苗移栽；绿叶菜生长迅速，对氮肥和水分要求高，尤以速效氮肥为主；多数植株矮小，适宜于间作套种。此外，不少半野生或野生植物也可以归为绿叶蔬菜，如马兰、马齿苋、苦苣、紫苏、蕨菜等。

芹菜属伞形科一二年生草本植物（图2-13）。有水芹、旱芹两种，功能相近，药用以旱芹为佳。旱芹香气较浓，又名“香芹”，亦称“药芹”。原产于地中海沿岸的沼泽地带，世界各国已普遍栽培。古代希腊人和罗马人将芹菜用于调味，古代中国亦用于医药。古代芹菜的形态与现今的野芹菜相似，因其纤维无法被人体消化而不能食用。18世纪末期，芹菜经长期培育后形成大而多汁的肉质

本芹　　西芹

图2-13 芹菜

直立叶柄，如西芹。我国芹菜栽培始于汉代，至今已有2 000多年的历史，起初仅作为观赏植物种植，后作食用，经过不断地驯化培育，形成了细长叶柄形芹菜栽培种，即本芹（中国芹菜）。本芹在我国各地广泛分布，河北遵化、山东潍县和桓台、河南商丘、内蒙古集宁等地都是芹菜的著名产地。目前西芹和本芹在我国均有栽培，西芹植株高大，叶柄发达、肥厚，清脆可口，在我国栽培面积越来越大；而本芹叶柄细长，植株瘦小，产量低，易空心，近年来栽培面积逐渐减少。由于本芹具有更浓郁的香味，更多的是用作佐料。芹菜是高纤维食物，它不仅可以清除人体内的一些“垃圾”，还可以经肠内消化作用产生一种木质素或肠内脂的物质，这类物质是一种抗氧化剂，常吃芹菜，对预防高血压、动脉硬化等都十分有益，并有辅助治疗作用。尽管芹菜等食用部分是肥大的叶柄，但难以下咽的叶片却具有更丰富的营养成分，芹菜叶中的蛋白质、脂肪、糖类、粗纤维、钙、磷、铁等多种营养物质比叶柄中高出数十倍，如芹菜叶中胡萝卜素含量是叶柄的88倍。由此看来，我们日常生活中食用芹菜方法是“去其精华”，实为可惜。

2.2.10　薯芋类蔬菜：　亦粮亦菜——马铃薯

薯芋类蔬菜是以肥大的地下茎或地下根为食用产品的一类蔬菜，包括马铃薯、芋、姜、山药、豆薯、草石蚕、银条菜、魔芋、葛等。在生产上主要采用无性繁殖，产品器官富含淀粉，也是主要的繁殖器官，繁殖系数低；一般在地下形成变态器官（块根、块茎、球茎等），要求湿润、肥沃、疏松、土层深厚的土壤；除马铃薯不耐炎热外，其余都喜温耐热。食用器官多含淀粉，可作蔬菜、杂粮、饲料等，还可作轻工、食品、医药等工业原料。薯类的维生素C、β胡萝卜素、钾、膳食纤维的含量都很丰富，其蛋白质含量高于大部分蔬菜。薯芋类蔬菜最与众不同的营养特点是含有较多淀粉，含量为10%～25%。正因为此，薯类也一度成为“救荒”食物——在粮食不足的时代，用薯类代替粮食，提供热量。换言之，薯类兼具蔬菜和粮食的特点，既是粮食，又是蔬菜。

马铃薯别名土豆，也叫洋芋，可食用器官是地下匍匐茎先端膨大形成的块茎（图2－14、图2－15）。马铃薯是我们餐桌上的常客，但要说起马铃薯的身世，还有不少鲜为人知的故事。我国大多数老百姓都管马铃薯叫土豆，但实际上，它是地地道道的洋货，是从国外传来的。南美安第斯山脉3 800米之上的的的喀喀湖湖区可能是最早栽培马铃薯的地方。在距今大约7 000年前，一支印第安部落由东部迁徙到高寒的安第斯山脉，在的的喀喀湖区附近安营扎寨，以狩猎和采集为生，是他们最早发现并食用了野生的马铃薯。新发现的马铃薯为他们的生存点亮了一线生机。然而，野生马铃薯的块茎中含有大量的龙葵碱，对人和动物都有毒，早期食用马铃薯的许多印第安人，也为此付出了生命的代价。尽管如此，作为食物，马铃薯与印第安人的关系却越来越紧密。到了距今5000年左右的时间，印第安人开始逐步地驯化野生的马铃薯，形成了很多个品种的栽培马铃薯。从食用到栽培，印第安人走了数千年的岁月，经过漫长而艰辛的驯化，他们最终将马铃薯的种植扩展到了整个安第斯山区，选择和种植出了抗寒的品种，使马铃薯块茎能够在刚刚低于雪线的地区成熟。马铃薯最早于16世纪时被西班牙殖民者带到欧洲，1586年英国人在加勒比海击败西班牙人，从南美把马铃薯带到英国，英国的气候适合马铃薯的生长，比其他谷物产量高且易于管理，1650年马铃薯已经成为爱尔兰最主要、几乎是唯一的粮食作物，并开始在欧洲普及。17世纪时，马铃薯已经成为欧洲最重要的粮食作物。1719年由爱尔兰移民带回美国，开始在美国种植。17世纪时，马铃薯已经传播到中国。历史上1845～1852年，英国统治下的爱尔兰发生大饥荒，几乎有100万人饿死，几百万灾民逃往美洲。7年

图2-14 马铃薯植株结构

图2-15 多彩的马铃薯

间爱尔兰人口锐减1/4，下降到历史上人口的最低点——400万。即使到了今天，爱尔兰的人口仍然只有600万人，没有恢复到饥荒前的人口数量。造成饥荒的主要因素是一种称为晚疫病病菌导致的马铃薯块茎腐烂，对于完全依赖马铃薯的爱尔兰经济是个致命的打击。因此，培育抗晚疫病的马铃薯品种至今依然是一个世界性的研究课题。马铃薯的品种很多，到21世纪全世界有几千个品种，有含淀粉比例较高，适合作为主食的，也有适合作为蔬菜食用的。人们根据不同的用途培养出很多新品种，花色有白色、红色、紫色等品种，地下块茎有圆形、卵形和椭圆形，其皮色有红色、黄色、白色、黑色和紫色的不同品种。马铃薯常用块茎上的"芽眼"切下播种，如果用种子种植，很快就会产生变异，因此非常容易出现新品种。近几年，富含花青素的"紫土豆"悄然流行，是集食用、营养、保健、观赏于一身的彩色马铃薯新品种。

2.2.11 水生蔬菜：污泥中的蔬菜——藕

水生蔬菜是指在淡水中生长的一类蔬菜。我国水生蔬菜包括莲藕、茭白、慈姑、水芹、菱角、荸荠、芡实、蒲菜、莼菜、豆瓣菜、水芋和水蕹菜，共计12种，多利用低洼水田和浅水湖荡、河湾、池塘等淡水水面栽培，也可实施圩田灌水栽培，大部分采用营养器官繁殖，每年温暖和炎热季节生长，气候寒冷时地上部枯萎。主要产地在水、热、光等资源比较丰富的黄河以南地区广泛分布。其品种资源之多，产品之丰富，都在世界上居于首位。水生蔬菜是优质的膳食纤维食品，对于高脂血症、高血压等心血管系统疾病（俗称"富贵病"）及消化系统疾病有良好的调理和治疗功能。目前，我国多种水生蔬菜的加工产品已出口到国外市场，遍及日本、韩国、东南亚及澳洲、北美、欧盟等国家和地区，近年来出口数量逐年稳步增长。

藕又称莲藕（图2－16、图2－17），属睡莲科植物，出污泥而不染就是指莲藕的花——莲花。莲藕的各部分名称不同：莲的柄名荷梗，叶名荷叶及荷叶蒂，荷花蕊名莲须，果壳名莲蓬，果实名莲肉或莲子，其中的胚芽名莲心，莲的地根茎名藕。莲的根茎，肥大、有节，为食用产品器官。藕的根茎中间有一些管状小孔，折断后有丝相连。"藕断丝连"原始意义指藕折断后仍有输送养分和水分的导管和管胞组织，现在人们把它比喻男女之间情思难断。尽管生长于污泥之中，但藕脆甜可口，是人们生活中一种重要的蔬菜。藕可生食也可做菜，而且药用价值相当高，它的根、叶、花、果实，无不为宝，都可滋补入药。藕原产于印度，后来引入中国。在南北朝时期，藕的种植就已相当普遍，迄今已有 3 000 余年的栽培历史。莲藕在长期的栽培和选择过程中，已经分化出藕莲、子莲、花莲三种类型。其中藕莲、子莲都是为食用而栽培的，如子莲以所结的种子（莲子）供食用，花莲是作为观赏栽培。藕的品种有两种，即七孔藕与九孔藕。江苏省、浙江省一带较多栽培七孔藕，该品种质地优良，它的根茎粗壮，肉质细嫩，鲜脆甘甜，洁白无瑕。七孔藕淀粉含量较高，水分少，糯而不脆，适宜做汤；九孔藕水分含量高，脆嫩、汁多，凉拌或清炒最为合适。

图 2－16 藕

图 2－17 莲蓬

2.2.12 多年生蔬菜：树上的蔬菜——香椿

多年生蔬菜是指一次种植可多年生长和采收的一类蔬菜，包括香椿、石刁柏（芦笋）、金针菜、百合、竹笋、枸杞、草莓、朝鲜蓟、刺槐花、紫萁等。有木本、有草本，多数对土壤要求不严，栽培管理比较简单，温暖季节生长，冬季休眠。从食用器官看，有食花器的黄花菜、朝鲜蓟、木槿，有食嫩茎的竹笋、石刁柏；有食鳞茎的百合；有食肥大叶柄的食用大黄，有食果实的草莓、枸杞、花椒。多年生草本蔬菜的地上部每年冬季枯死，地下部的根、根状茎或鳞茎等器官宿存于土壤中，以休眠状态度过不利生长的时期（严寒、低温、干旱、酷暑等），待气候环境适宜时重新萌芽、生长、发育，如此多年反复生长。木本蔬菜有常绿的竹笋和秋冬季落叶的香椿，它们如同树木一样，有发达的根系，分蘖能力强，对环境适应性广泛。不少多年生蔬菜除供鲜食外，还可以脱水、腌渍和贮藏，如黄花菜干、百合干、笋干、腌渍竹笋和香椿等，为我国广大人民喜爱，并出口外销。

香椿属楝科，又名香椿芽、香椿、香桩头、大红椿树等，亦被称为“树上蔬菜”（图2－18）。幼嫩的香椿叶厚芽嫩，绿叶红边，犹如玛瑙、翡翠，香味浓郁，营养之丰富远高于其他蔬菜，为宴宾之名贵佳肴。香椿原产于中国，汉代就遍布大江南北，古代农市上把香椿称椿，把臭椿称为樗（chū）。臭椿属于苦木科，因叶基部腺点发散臭味而得名，尽管在形态上与香椿相似，但一般不用作蔬菜，其价值主要是绿化和药用。香椿现在在东亚与东南亚，北至朝鲜，南至泰国、印度尼西亚等地区均有生长。香椿为落叶乔木，雌雄异株，种子可以繁殖，树体高大，除椿芽食用外，也是园林绿化的优选树种。人们常说的成语“椿萱并茂”中的椿就是指的香椿，萱指的是萱草，分别代称父亲和母亲，因为香椿寿命很长，而象征母亲的萱草可以使人忘忧，因此椿萱并茂的意思是比喻父母均健在、安康。香椿不仅营养丰富而且还是有名的健康食品，民间自古就流传“食用香椿，不染杂病”的说法，根、皮、叶、花和果实均可入药。近期西方医学研究发现香椿有抗氧化效果，抗癌效果比起甘薯叶高3～10倍。中国是世界上唯一以香椿嫩芽、叶入馔的国家。山东、安徽、河南、陕西、四川及湖南南部和广西北部均有栽培，其中以安徽的太和香椿最为著名。

图2－18　香椿芽

2.2.13　芽苗菜类蔬菜：　如意菜——豆芽

芽苗菜类是指用植物种子或营养体长出的幼芽（幼嫩的下胚轴、子叶，有的还带真叶）或嫩茎叶作为食用产品的一类蔬菜，属于“活体蔬菜”，如黄豆芽、绿豆芽、豌豆芽苗、香椿芽苗、萝卜芽、苜蓿芽、荞麦芽、芝麻芽、菊苣芽等。芽苗菜能减少人体内乳酸堆积，消除疲劳；其含有促干扰素生长剂，能诱生干扰素，增加体内抗生素，增加体内抗病毒、抗癌肿的能力；并含有丰富的维生素 C、核黄素、膳食纤维。芽苗菜类产品柔嫩多汁，一般要求在温暖或凉爽、湿润、弱光或黑暗条件下生长，生长快，生长期短。种植芽苗菜经济效益十分可观，据测算，目前种植 1 平方米芽苗菜相当于种植 1 亩地的普通蔬菜，甚至更多。而且技术性能优势明显，可不分季节种植，生育期较短，效益高，技术操作简便易行，只要掌握好生长所需的温度、湿度、光照，可以天天下种，天天上市。

图 2－19　芽苗菜工厂化生产

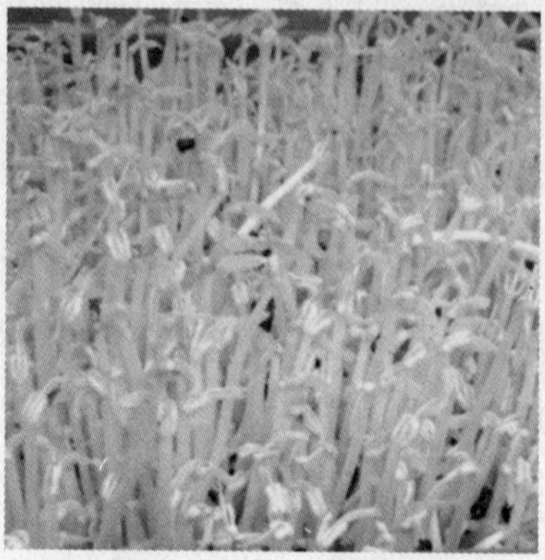

图 2－20　豆芽菜

豆芽菜是黄豆芽、绿豆芽、黑豆芽和小豆芽的总称，是中国传统的菜肴（图 2－19、图 2－20）。食用豆芽始于宋代，它与笋、菌并列为素食鲜味三霸。豆芽含有丰富的维生素 C、维生素 E、叶绿素等营养成分，具有养颜和预防肿瘤的功效。明代李时珍在《本草纲目》中指出：唯此豆芽白美独异，食后清心养身。古人赞誉它是“冰肌玉质”“金芽寸长”“白龙之须”，豆芽的样子又像一把如意，所以人们又称它为如意菜。豆芽菜还与豆腐、面酱和面筋一起并称为“中国食品四大发明”。然而，秀外慧中的豆芽同时也是娇贵的“千金大小姐”，其营养容易流失。高温是维生素的天敌，传统的高温烫煮都会使其维生素等营养成分消失。很多营养专家认为，焯一下就出锅或急火快炒，可减少维生素的损失，保持其营养与风味。芽苗蔬菜多在棚室等保护地内生产，不受外界环境影响，而且在生产过程中一般不用化肥、激素和农药，自然属于绿色食品。

蔬菜的种类繁多，还有一些其他蔬菜，如甜玉米、糯玉米、黄秋葵等暂时尚未归入上述 13 类中，这类蔬菜生物学特性和栽培技术不一定相近，产品器官也不尽相同。

2.3 蔬菜生长的“温室”

北国的新春正月，依然是瑞雪纷飞的季节。就在这冰霜覆盖窗棂、家家依恋火炉的日子里，人们最期望的是一家人围着火锅吃团圆饭，享受着脆嫩香甜的瓜菜与美酒。然而，要在这寒冷的冬季随心所欲地指点菜谱，只有在设施栽培技术日益完善的今日才能得以实现。我国气候多样，北方地区冬季寒冷，难以在自然条件下生产蔬菜，常常导致北方地区出现冬季蔬菜短缺；我国南方地区夏季炎热多雨，露地蔬菜生产也面临着高温、涝害等灾害天气，常常导致南方地区出现夏季蔬菜市场的淡季。而且与其他园艺产品不一样的是，蔬菜鲜嫩多汁、不耐贮运，使得我国蔬菜的冬淡、伏缺更为明显。显然，传统的露地蔬菜生产已经不能满足现代人们生活的需求。

设施栽培为解决我国蔬菜淡季供应不足的问题立下了汗马功劳。设施栽培曾长期在我国称为“保护地栽培”或“反季节栽培”，直到20世纪90年代，随着设施园艺这门学科的发展，才逐渐规范地使用“设施栽培”这一名词。设施栽培在我国具有悠久的历史，最早可追溯到2 200多年前。秦代《古文奇字》中记载：秦始皇密令人种瓜于骊山沟谷中温处，瓜实成，使人上书曰“瓜冬有实”。在此后的历史文献中，多次出现“火室”“火窖”“篱障”“阳畦”“温水浇灌”等古老的设施词汇，说明我国劳动人民有史以来一直在探讨设施蔬菜栽培技术，但限于当时社会条件和科学技术水平，设施蔬菜栽培发展极其缓慢，且其产品始终为极少数统治阶级所享用。直到新中国成立以后，随着社会生产力的迅速发展和人民生活质量的不断提高，塑料拱棚、日光温室、人工智能自动化玻璃温室、植物工厂、无土栽培等园艺设施不断出现，设施园艺才得到了迅速发展，高贵的设施蔬菜已经成为广大老百姓餐桌上的“普通蔬菜”了。那么，这些各式各样的园艺设施究竟是怎么回事呢？

2.3.1 塑料拱棚

塑料拱棚是园艺作物生产上应用最多、最早的一种棚型，大致可分为小拱棚、中拱棚和塑料大棚三种，其骨架主要采用毛竹、细竹竿、荆条等简易材质或钢筋制成弓形棚架，上面覆盖塑料薄膜而成（图 2－21）。采用毛竹、细竹条制成的中小拱棚在我国农业生产中应用最为广泛，因其具有所需材料少、容易获得、造价低，且安装简单、拆卸方便等特点，可以根据季节气候变化、土地闲置状况即用即造，十分灵活。小拱棚增温降温的速度较快，夏季高温季节容易造成高温危害，在生产应用上，主要用作早春育苗、提早定植、秋延后叶类蔬菜栽培。中型拱棚一般用于果菜类、瓜类、豆类蔬菜早春或秋延后栽培，也可用于花卉栽培。塑料大棚是采用塑料薄膜覆盖的一种大型拱棚，可以说是中型拱棚的"升级版"，但比中型拱棚坚固耐用，使用寿命长，棚内空间大，方便劳作，且有利于棚内环境的调控。塑料大棚的骨架一般由强度大的钢管制成，是由立柱（水泥柱）、拱杆（弓形钢架）、拉杆（钢制纵梁）、压杆（压膜线）等组成，俗称"三杆一柱"，造价和技术含量要高于中小拱棚。塑料大棚的跨度为 8～12 米，高 2.4～2.6 米，长 40～60 米，标准的塑料大棚生产面积为 1 亩地。为了充分利用阳光，塑料大棚建造方向一般为南北为长，东西为宽。随着蔬菜等园艺作物生产规模的扩大，生产上还出现了连栋塑料大棚（面积 5～10 亩）以及由毛竹作为骨架的简易巨型大棚（单个巨型大棚最大面积可超过 20 亩），拖拉机等农用机械可以进入，极大地提高了蔬菜的生产效益。在生产上，塑料大棚主要用于早春育苗、春茬早熟栽培、秋延后栽培和春秋长季节栽培。

小拱棚

塑料大棚

图 2－21 塑料拱棚

2.3.2 日光温室

日光温室是节能日光温室的简称，又称暖棚，是我国北方地区特有的一种温室类型（图2－22）。它是一种在室内不加热的温室，即使在最寒冷的季节，也只依靠白天的太阳光辐射蓄热和夜间保温设施来维持室内的温度，以满足蔬菜作物生长的需要。我国的日光温室是在单屋面温室的基础上经改造发展起来的。新中国成立后出现的北京式单屋面土温室和鞍山式温室属于日光温室的最早雏形，20世纪60年代经农业科技人员不断改造形成了北京改良式温室、三折式无支柱玻璃温室等，这些温室均采用玻璃覆盖，冬季夜间需要炉火加热，建造成本和使用成本均较高，当时主要用作蔬菜育苗。20世纪80年代中期，农业科技人员在耕地上建造了一批日光温室，其中推广面积较大的是海城式日光温室和瓦房店式日光温室，后来被称为第一代日光温室，这些日光温室能在北纬40°～41°高温度地区不加热生产冬春茬黄瓜，产品在1月份上市，其亩产量和亩产值双双“逾万”，取得了极好的经济效益，可以说是我国蔬菜栽培史上的重大突破。20世纪90年代初，新一代日光温室——鞍Ⅱ型和瓦房店悬索式日光温室出现了，使果菜类蔬菜的产量达到每亩15吨；90年代中期，以辽沈Ⅰ型日光温室为代表的第二代节能型日光温室出现了，这种日光温室在北纬42°地区实现番茄和黄瓜单季亩产量22吨，真正意义上实现了北方地区蔬菜的反季节栽培。此后，人们在第二代日光温室的基础上，根据当地地理和气候环境研制出了多种类型的日光温室。如按墙体材料分，主要有干打垒土温室、砖石结构温室、复合结构温室等；按后屋面长度分，有长后坡温室和短后坡温室；按前屋面形式分，有二折式，三折式、拱圆式、微拱式等；按结构分，有竹木结构、钢木结构、钢筋混凝土结构、全钢结构、全钢筋混凝土结构、悬索结构、热镀锌钢管装配结构。目前，在蔬菜生产中广泛使用的是东、西、北三面为围护墙体的单坡面微拱式塑料温室，其前坡面夜间用保温被覆盖，最具代表性的是由河南农业大学园艺学院设计的黄淮改良式日光温室。黄淮改良式日光温室以土墙作为后墙体，以薄膜和草苫作为覆盖物，具有采光、增温、保温性能好，造价较低，操作方便等特点，非常适合我国经济欠发达的农村地区使用，为华北地区农民致富发挥了巨大作用。

全钢混凝土结构日光温室

黄淮改良式日光温室

图 2－22 日光温室

2.3.3 现代化温室

现代化温室又称连栋温室、智能温室，主要指大型的（覆盖面积多在 1 公顷以上）、机械化作业、环境基本不受自然气候的影响、可自动化调控、能全天候进行园艺作物生产的连接屋面温室，是园艺设施的最高级类型（图 2－23）。现代化温室在形式上主要是玻璃温室、塑料温室和连栋温室，它采用自动化控制，温室外部设气象站，室内有环境温度传感器，温室内温、光、水、气、热的控制设备较多，能对温室的环境数据进行采集、记录并自动生成数据报表和曲线图，以指导温室内光、水、气、热的合理化调节。现代温室主要有芬洛型玻璃温室、里歇尔型温室、卷膜式全开放型塑料温室、屋顶全开启型温室，其中芬洛型玻璃温室在全世界最为流行，也是我国 20 世纪 90 年代以后大力引进的温室类型。现代化温室没有季节的限制，可以不限时地进行园艺作物的生产，但需要消耗大量的电、水、材质等资源，且需要一定的专业技术支撑，因而主要用于科研和高附加值的园艺作物生产，如喜温果菜类蔬菜、切花、观赏苗木、蔬菜育苗等。在“设施园艺王国”荷兰，玻璃温室蔬菜种植已经有上百年的历史，在这百余年中，玻璃温室蔬菜的栽培都是由家庭农场经营，面对强手如林的竞争，种植者们在生产中采用最佳的繁殖材料，高效的管理和质量控制，种植与贸易结合快捷的经销系统，大大促进了基础设施的发展，使荷兰的玻璃温室蔬菜种植技术得以不断完善。现在荷兰玻璃温室内种植的蔬菜年产值达 14 亿美元（以番茄、黄瓜和青椒为主)，占农业总产值的7.5%，其中3/4的产品出口到世界各地。在生产方式上，荷兰温室基本上实现了环境自动化、作物栽培无土化、生产工艺程序化和标准化，生产管理机械化、集约化。我国在改革开放以后，就从日本、荷兰、美国等发达国家引进现代化温室，大部分用于园艺作物育苗和栽培，而且以种植花卉、瓜果和蔬菜为主。在上海、北京等发达城市的温室已经实现了园艺作物生产的工业化，并且运用生物技术、工程技术和信息管理技术，其生产水平已经达到或接近西方发达国家温室园艺水平，使蔬菜的产量比一般温室提高10～20倍，充分显示了现代化设施园艺的先进性和优越性。

芬洛型玻璃温室

韩国双层薄膜连栋温室

图2－23　现代化温室

2.3.4　植物工厂

整洁的室内布满栽培架，上面种满生菜、小白菜等蔬菜植物，墙上的显示屏正报告着温度、湿度等数据，这是现代植物工厂的真实写照（图2－24、图2－25）。植物工厂，顾名思义是在室内生产植物产品的车间，它是通过设施内高精度环境控制实现农作物周年连续生产的高效农业系统，是利用计算机对植物生育的温度、湿度、光照、二氧化碳浓度以及营养液等环境条件进行自动控制，使设施内植物生育不受或很少受自然条件制约的省力型生产。植物工厂是现代设施农业发展的高级阶段，是对“靠天吃饭”的传统种植业的变革，它是一种高投入、高技术、精装备的生产体系，集生物技术、工程技术和系统管理于一体，植物工厂所需要的温度、光照、湿度、水分、肥料、气体等均按照植物生长发育需求进

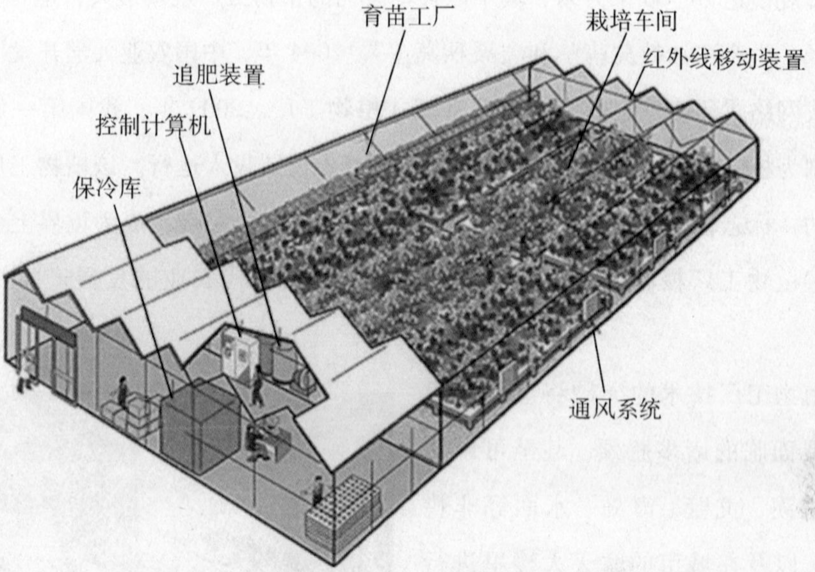

图2－24　植物工厂示意图

行最优配置，完全摆脱了自然条件的束缚，不仅全部采用计算机监测控制，而且采用机器人、机械手进行全封闭的生产管理，实现从播种到收获的流水线作业，进行植物高效率、省力化的稳定生产，是农业产业化进程中吸收应用高新技术成果最具活力和潜力的领域之一，代表着未来农业的发展方向。目前，仅有日本、美国、荷兰等少数发达国家掌握这项技术。

世界上第一家植物工厂于1957年诞生在丹麦，1974年在日本等发达国家也逐步发展起来。美国犹他州立大学用植物工厂种植小麦，全生育期缩短到2个月左右，一年可收获4～5次。当然，用植物工厂生产价格低廉的粮食作物，是入不敷出的。美国法依特法姆公司用人工完全控制的工厂生产的生菜，从播种到收获仅用26天。20世纪60年代初次进行植物工厂的试验，并开始推广。1964年奥地利建立了一种高30米、面积为5 000平方米的塔式植物工厂，其工作人员仅有30人，平均日产番茄13.7吨，生产1千克番茄耗电9～10千瓦时，成本只有露地生产的60%。1971年丹麦也建成了绿叶菜工厂，快速生产独行菜、鸭儿芹、莴苣等。1985年筑波世博会上，日本展示了一套三层楼高的塔式人工光源植物工厂，随后千叶、东京等城市陆续出现了生产莴苣、苜蓿苗、豆芽菜、菠菜等蔬菜的植物工厂。从1992～2002年的10年间，日本建造和运行的植物工厂有26

座，总规模达18 900平方米，其中以神内公司的植物工厂规模最大，达8 828.46平方米，生产“沙拉莴苣”和“桑秋莴苣”。2004年，中国农业大学开发了利用嵌入式网络式环境控制的人工光型密闭式植物工厂。2009年，我国第一例以智能控制为核心的植物工厂研发成功，并在长春农博园投入运行。该植物工厂的研制成功，标志着中国在设施农业高技术领域已取得重大突破，成为世界上少数几个掌握植物工厂核心技术的国家之一，将对中国现代农业的发展产生深远的影响。

图2-25 植物工厂内景

植物工厂技术的突破将会解决人类发展面临的诸多瓶颈，甚至可以实现在荒漠、戈壁、海岛、水面等非耕作区，以及在城市的摩天大楼里进行正常作物生产。利用取之不尽的太阳能和其他各种清洁能源，加上一定的种子、水源和矿质营养，就可源源不断地为人类生产农产品。因此，植物工厂被认为是21世纪解决粮食安全、人口、资源、环境问题的重要途径，也是未来航天工程、月球和其他星球探索过程中实现食物自给的重要手段。

除了上述的一些蔬菜栽培设施以外，还有一些在夏秋季节使用，以遮阳、降温、防虫、避雨为主要目的的一些保护性设施，包括遮阳网、防虫网、防雨棚等。这些夏季保护性设施也是高温、暴雨、台风和病虫害等灾害性气候多发的我国南方地区蔬菜生产的重要设施，为南方广大地区夏秋季蔬菜生产做出了巨大贡献。南方夏季蔬菜生产过程中，除了要克服高温、暴雨等灾害性天气外，病虫害危害更是不可忽视。小白菜、菜心、菜薹一直是我国南方夏季主要的蔬菜，但由于过度地喷洒化学农药以防治菜青虫等害虫，时常导致农药残留超标和农药中毒事件发生，为南方夏季蔬菜生产带来了很大的问题。1995年，江苏镇江市率先推广应用夏秋蔬菜防虫网覆盖栽培技术，保证了蔬菜生产安全，获得了显著的经济、社会和生态效益。防雨棚（将塑料薄膜覆盖在小棚、大棚等设施的顶部）使夏秋茄、瓜、豆类蔬菜免遭涝渍危害，起到了避雨防湿、减轻病害蔓延的目的，稳定了南方夏季的蔬菜市场供应。

2.4 异彩纷呈的蔬菜科技

“谷不熟日饥，菜不熟日馑”，蔬菜与粮食一样，是人类社会发展中的重要物质基础。蔬菜生产历来是中国农业生产的重要内容，蔬菜科技的进步发展与人们的生活质量密切相关。我国有着悠久的蔬菜栽培历史，传统蔬菜生产技术积淀深厚，自成体系。历代均有文献资料对当时的蔬菜生产技术进行归纳和总结，《齐民要术》则是其中最有代表性的一本农学科技史书。然而，经验性的生产技术难以引领现代科学发展方向。19 世纪末 20 世纪初，遗传学、植物生理学、细胞生物学等学科的基本原理陆续得到阐明和运用，试验科学逐步代替经验技术成为科技发展的主流。以试验科学为基础的近代蔬菜科技在美国、日本、荷兰等西方发达国家迅速发展起来，蔬菜栽培、育种、贮藏加工等领域都有了明显的进展。20 世纪每一届的世界园艺博览会就是对当时包括蔬菜在内的园艺科技进步最好的呈现。显然，在当时的中国，依靠千百年来传统经验的蔬菜技术体系已经不能适应社会发展的需要。在 20 世纪的这百年之中，中国蔬菜科技经历了清末民初的萌芽，民国时期学科体系的初步建设，以及新中国成立后快速发展的历程。在以育种和农业化学为主体的第一次农业科技革命，和以生物技术和信息技术为主导的第二次农业科技革命浪潮推动下，中国蔬菜科技取得了重要的进步，并取得了一大批成果，如无土栽培、工厂化育苗、转基因蔬菜、太空育种技术等。这些成就在生产实践中不断转化和应用，极大地推动了蔬菜综合生产能力。

2.4.1 无土栽培

离开了土壤植物能生长吗？随着农业科技的日新月异，这个问题的答案从否定变成了肯定。19 世纪中叶，德国科学家开展了不用土壤栽培植物的研究工作，萨切斯和克诺普两位科学家公布了植物营养液配方，并首次在营养液中成功栽培了一些植物。1929 年，美国科学家格雷克成功地利用营养液种植番茄，单株结果达 14 千克，走出了将无土栽培技术推向生产的第一步。但真正把这种技术用到农业生产中是在第二次世界大战期间，当时英美军队用这种方法给部队生产蔬菜，以弥补蔬菜供应的不足。目前，世界上采用无土栽培技术的国家有100多个，无土栽培技术多达30多种。美国是世界上最早进行无土栽培商业化生产的国家，主要集中在干旱、沙漠地区，主要栽培作物有黄瓜、番茄等蔬菜，无土栽培面积超过2 000公顷。无土栽培最先进的国家当属“设施王国”——荷兰，其无土栽培面积达8 000多公顷。我国的无土栽培研究起步于1978年，山东农业大学科技人员承担了我国无土栽培技术研发与推广的任务。20世纪80年代后，无土栽培作为一项新技术引起了农业科技界的重视，现已根据不同作物对营养的需要研制出多种营养液的专用配方及其配套技术。我国的无土栽培面积由20世纪80年代的2公顷已发展到现在的2 000多公顷。

无土栽培完全摆脱对土壤的依赖，根据植物生长发育所需要的各种养分配制成营养液，供植物吸收利用。无土栽培以人为创造的作物根系“人工环境”取代了天然的土壤环境，有效地解决了传统土壤栽培中连作障碍问题，使作物根系处于一个良好的环境条件。无土栽培技术主要包括水培、雾培和基质培等方式。由于受成本、实用性和操作管理难度等方面因素的影响，目前世界上90%以上的商业性无土栽培都是采用珍珠岩、蛭石、无毒泡沫塑料等基质栽培方式。

水培是指植物根系直接与营养液接触，不用基质的栽培方法（图2-26）。最早的水培是将植物根系浸入营养液中生长，但这种方式会导致缺氧现象，影响根系呼吸，严重时造成根死亡。为了解决供氧问题，英国科学家Cooper在1973年提出了营养液膜法的水培方式，他使一层很薄的营养液（0.5~1厘米）层，不断循环流经作物根系，既保证不断供给作物水分和养分，又不断供给根系新鲜氧气。但这

图2-26　水培小白菜

一技术存在液流、液温易变以及根际环境不稳定的问题（如断电导致液流中断），限制了它的发展。为了解决这一问题，浙江省农业科学院和南京农业大学于“八五”期间研发了浮板毛管水培技术，它采用了植物分根繁殖的特点，在栽培槽中设置湿毡分根装置，既解决了根系供氧问题，又有一定深度营养液，避免了因断电导致的根际环境不稳定，还易于冬季增温、夏季降温处理。水培法可使植物根系直接从溶液中吸取营养，植物主根明显退化，须根则较发达。如水培黄瓜的主蔓可达10～15米（是露地黄瓜3～5倍），主根仅长45厘米。

雾培又称气增或雾气培，它是将营养液压缩成气雾状而直接喷到作物的根系上，根系悬挂于容器的内部空间（图2－27）。通常是用聚丙烯泡沫塑料板，其上按一定距离钻孔，于孔中栽培植物。两块泡沫板斜搭成三角形，形成空间，供液管道在三角形空间内通过，向悬垂下来的根系上喷雾。

图2－27 雾气栽培生菜

基质栽培是无土栽培中推广面积最大的一种方式，它是将植物的根系固定在有机或无机的基质（砾石、岩棉、珍珠岩、蛭石、聚乙烯、草炭等）中，通过滴灌或其他微灌的技术，供给植物根系营养液（图2－28）。栽培基质可以装入塑料袋内，或铺于栽培沟或槽内。基质除了支持、固定植株外，更重要的是充当“中转站”的作用，使来自营养液的养分、水分得以中转，使植物根系从中按需选择吸收。基质栽培缓冲能力强，不存在水分、养分与供氧之间的矛盾，且设备简单，甚至可不需要动力，所以投资少、成本低，已经成为无土栽培中最普遍的栽

图2－28 管道式基质栽培

培形式。

无土栽培技术的出现，使人类获得了包括无机营养条件在内的，对作物生长全部环境条件进行精密控制的能力，从而使得农业生产有可能彻底摆脱自然条件的制约，完全按照人的愿望，向着自动化、机械化和工厂化的生产方式发展，使农作物的产量得以几倍、几十倍甚至成百倍地增长。由于无土栽培可以将许多非耕地加以开发利用，所以使得不能再生的耕地资源得到了扩展和补充，这对于缓和及解决地球上日益严重的耕地问题，有着深远的意义。无土栽培不但可使地球上许多荒漠变成绿洲，而且在不久的将来，海洋、太空也将成为新的开发利用领域。美国已将无土栽培技术列为该国 21 世纪要发展的十大高科技之一，并出台了关于宇宙空间植物栽培的研究报告。美国肯尼迪宇航中心对用无土栽培生产宇航员在太空中所需食物做了大量研究，有些粮食作物、蔬菜作物的栽培已获成功，并取得了很好的效果。在日本，无土栽培已被许多科学家作为研究“宇宙农场”的有力手段，被人们称为“太空时代的农业”。因此，太空农业已经不再是不可思议的事情了。

2.4.2 工厂化育苗

“精耕细作”是我国蔬菜栽培的重要特征。育苗是蔬菜栽培的重要环节之一，也是蔬菜栽培中的“精耕细作”最直接的体现。为什么要育苗？蔬菜种子播种在菜田里就不能生长吗？当然不是。由于田间环境的影响，直接播种导致蔬菜种子出土参差不齐，导致田间管理不便、产量降低。将蔬菜种子首先播种在环境条件优越的苗床中，通过人工措施培育整齐一致的优质蔬菜种苗，这就是育苗。我国农民很早就意识到育苗的重要性，然而，我国传统的育苗技术存在以经验为主、风险性大、难以机械化操作等缺点，因而壮苗率低，影响了秧苗的商品性，越来越不适应蔬菜商品性生产阶段的发展。工厂化育苗，也称为穴盘育苗，是现代蔬菜产业化程度不断加深的产物，它是以先进的育苗设施和设备装备种苗生产车间，将现代生物技术、环境调控技术、施肥灌溉技术、信息管理技术贯穿种苗生产过程，以现代化、企业化的模式组织种苗生产和经营，从而实现蔬菜种苗的规模化生产（图 2－29～图 2－31）。与传统的育苗方式相比，工厂化育苗具有用种量少，占地面积小；能够缩短苗龄，节省育苗时间；减少病虫害发生；提高育苗生产效率，降低成本；有利于统一管理，推广新技术，可以做到周年连续生产等优点。工厂化育苗技术的迅速发展，不仅推动了农业生产方式的变革，而且加速了农业产业结构的调整和升级，加快了农业现代化的进程。

图 2-29 精量播种

图 2-30 自动化灌溉

图 2-31 商品苗包装

工厂化育苗是现代企业化的育苗方式，于20世纪60年代就在美国、法国、荷兰、澳大利亚和日本等发达国家实现并得到不断地发展。荷兰的现代育苗技术可以看作是欧洲的典型代表。在这个“温室之国”中，蔬菜育苗在现代温室内进行，大规模、专业化的工厂化育苗是其突出特点，并已实现蔬菜育苗的机械化、自动化操作，荷兰蔬菜工厂化育苗毫无疑问已达到当今世界的最高水平。荷兰有130多家种苗专营公司，生产的蔬菜种苗除供给本国农场的需要外，还大量出口到欧洲其他国家，如意大利、英国、保加利亚、俄罗斯等。为适应大面积机械化种苗生产的要求，美国多采用轻型基质和锥形孔育苗盘，培育大批的标准化的中苗或小苗，采用播种生产线完成基质混合、装盘、镇压、播种、覆盖、浇水等作业。在恒温恒湿的催芽室内发芽，在温度、水分、营养液均能控制的温室内培育成苗。目前美国100%的芹菜、鲜食番茄，90%的青椒，都采用了穴盘育苗移栽。目前发达国家的种苗业，逐渐独立形成了一个崭新的行业，并已成为现代设施园艺产业的领头羊。我国从1976年开始推广工厂化育苗技术，1980年全国成立了蔬菜工厂化育苗协作组，开展了引进消化国外工厂化育苗技术的科技攻关。“九五”期间，工厂化育苗成为“工厂化农业示范工程”项目的重要组成部分，全国有一大批科研院所的相关技术人员从事工厂化育苗的技术研究和推广应用。现在，全国各地也相继建立起工厂化育苗生产线，促进了中国工厂化育苗的进一步发展。

2.4.3 转基因蔬菜

在我们的餐桌上，尽管有着口味各异的各种蔬菜，如青脆的芹菜、酸甜的番茄、清香的黄瓜和辣味十足的朝天椒，但每种蔬菜的口感年年如此，没有什么变化。这是生物遗传的结果。我们知道，生物都是由细胞组成的，在细胞核里有一种遗传物质叫脱氧核糖核酸，它是由两条螺旋状的长链组成，长链的一小片段，便是遗传基本单位——基因，基因上贮藏有遗传信息，因此，生物的性状遗传是由基因决定的。自然条件下，只要基因不发生变化，由它所决定的性状也不会发生变异，所以每一种蔬菜的口感也不会有变化。为了获得我们所需要的新性状（生物体原本没有的），科学家将基因从一种生物的细胞中剪切出来，在体外进行“缝补”组合后，再转移到另一种生物的活细胞中，即可创造出新的生物类型或培育出新品种，这就是转基因技术。人们利用转基因技术培育成的蔬菜新品种，被称为转基因蔬菜（图2－32、图2－33）。

图2－32 转基因紫番茄

图2－33 转基因无籽茄子

BT基因的应用无疑是蔬菜和农作物转抗虫基因最成功的例子。我们知道，很多蔬菜和农作物一直遭受鳞翅目害虫的侵害，如斜纹夜蛾、小菜蛾、菜青虫、毒刺蛾、地老虎，玉米螟等，造成产量和质量大大降低。100多年前，人们就发现苏云金芽孢杆菌（简称BT菌）可以分泌一种毒性蛋白，对鳞翅目昆虫有很强的杀伤作用。因而，早期的人类是利用BT菌来防治鳞翅目害虫的。随着分子生物学技术的发展，人们在BT菌中克隆到了能产生毒蛋白的BT基因，并把这个基因转至马铃薯、番茄、茄子、花椰菜、白菜、辣椒等蔬菜，使之获得抗鳞翅目害虫的特性，其中转BT基因的马铃薯已经获得并在生产上广泛栽培。BT基因在蔬菜体内编码一种伴胞晶体，这种晶体被害虫摄食后，在碱性的肠胃环境下由中肠蛋白酶分解并释放出毒素，毒素作用于中肠上皮细胞，引起细胞膨胀和裂解，导致害虫肠道穿孔，最终导致害虫死亡。那么人能吃含有这种毒性蛋白的蔬菜吗？众所周知，人的肠胃环境是酸性的，而BT毒性蛋白只有在碱性的环境下由相应的酶分解而释放毒素，因而BT毒性蛋白对人体无害，人吃了含BT基因的蔬菜也不会造成身体上的伤害。

转基因番茄是全球第一种允许上市的转基因蔬菜。早在1994年，美国就批准了一种转基因番茄的商业化栽培，这种番茄皮较厚，便于运输和贮藏。1996年我国华中农业大学科技人员将小片段DNA转入到番茄基因组中，关闭了ACC合成酶基因，由于ACC是乙烯的前体物质，因而乙烯无法产生，没有了催熟剂，番茄延迟成熟，因而更耐贮藏。采用转基因技术，我国第一例转基因蔬菜“华番一号”诞生了，这也是我国第一个获得商品化释放的转基因蔬菜品种。该品种在室温条件下可以贮藏100天，因而也称“百日鲜”。最近，以色列科学家培育出一种能散发柠檬香味和玫瑰芳香的番茄，这种番茄含有高浓度的萜类化合物，具有杀菌、抗虫等特性，也能保存更长的时间。青枯病素有“辣椒杀手”之称，是热带、亚热带最严重的蔬菜病害。华南农业大学科研人员培育出一批可抗青枯病的转基因辣椒，有效地减少了病害，提高了产量、减轻了农药对环境的危害。现在转基因技术已经被用来合成人体所需要的有工业和临床价值的药物（外源蛋白），并逐渐成为一种被称为“分子农业”的新型农业方式。也就是说，利用转基因技术，以植物作为“生产车间”生产能用于人体的疫苗或药物，再通过田间种植的方式来获得来源广、成本低的廉价植物疫苗。这样，人们提高免疫力由过去的打针、吃药变成了食用蔬菜。目前，世界上约有3.5亿人感染乙型肝炎，而通常的防治方法是采用混合疫苗接种，但这种方法成本极高。德国研究人员选用栽培技术简单、贮藏方便的胡萝卜做载体，将乙肝病毒的表面蛋白基因转入胡萝卜细胞，同时通过一种催化剂提高胡萝卜中乙肝病毒蛋白的浓度，从而生产出“食用疫苗”。这种胡萝卜与普通胡萝卜没有差别，只是在成熟之前利用一种激素激活其基因，使其释放出更多的肝炎疫苗成分。而美国科学家则是利用莴苣开展试验，打算制作“乙肝疫苗色拉”。日本研究人员成功将大豆的铁蛋白基因转入了生菜中，培育出了一种转基因生菜新品种，其含铁量比一般生产高出近1倍。若全部铁质被人体吸收，成年人每天只要吃半棵这种蔬菜而不需食用其他含铁食物，就可满足正常生理需要。当前由于人们生活水平的提高，被戏称为“富贵病”的糖尿病肆无忌惮地威胁着人们的健康，而治疗糖尿病的有效方法就是服用胰岛素。生产胰岛素的传统方法就是从猪、牛胰脏中提取，成本极高，普通的糖尿病患者难以承受昂贵的药物。荷兰科学家已经分离到了控制胰岛素合成的基因，正试图将这个基因转入大白菜中。如果转基因成功，将来糖尿病患者将定期食用这种大白菜，而不用服用昂贵的药物了。最近，英国科学家还培育出来一种富含抗癌成分花青素的转基因紫番茄，试验发现具备抗击癌症和一些心血管疾病的功效。我国也开始了食用疫苗的研究与开发工作。相信在不久的将来，我们的餐桌上出现的不仅仅是一盘盘普通的蔬菜，而是含有食用疫苗的“工程菜”。

2.4.4 太空蔬菜育种

太空青椒枝叶粗壮，果大肉厚，免疫力强，单果重高达500克，单季亩产超过4 000千克，比普通青椒增产30%，而且维生素C含量提高20%，可溶性固形物含量提高25%，病情指数减轻了55%。太空五彩椒系列品种已经成功培育。

太空黄瓜藤壮瓜多，瓜体奇大，单果重高达1.5千克，维生素C含量提高了30%，可溶性固形物含量提高了20%左右，铁含量提高了40%，抗病力大大增强，特别是雌花数量是地面黄瓜的1.5倍。虽然它的皮厚了点，但瓜肉非常清凉爽口、汁多肉嫩，太空黄瓜“航遗一号”已通过了国家品种审定。

太空番茄长势尤为喜人，株高茎粗，果穗增多，比常规番茄增产15%以上，最高可增产23.3%。黑龙江省农业科学院园艺研究所选育的“宇番一号”，在全国推广种植面积已超过100万亩。

太空樱桃番茄含糖量高达13%，与柑橘含糖量相当，口感鲜甜，是名副其实的水果。

太空西葫芦长达75厘米，最大单果重达8千克左右，而且还含有可治糖尿病的苦瓜素。

遨游过太空的大蒜能长到近半斤重，太空萝卜的幼苗让害虫敬而远之。

……

太空育种，这个新时代的育种技术带给了我们一个又一个的惊喜。自1987年以来，我国利用返回式卫星和神舟飞船，先后进行了10多次搭载试验，将1 000多个品种的种子和生物材料送入了太空，太空系列品种逐渐被种植于田间，太空农作物产品已经摆上了我们的餐桌。上天“修炼”回到“尘世”的太空种子，已经展现出十分广阔的市场，太空育种的效益和成果吸引了美国、俄罗斯、保加利亚、菲律宾等国家，它们都希望与我国开展这方面的合作。

太空育种，也称空间诱变育种，就是将农作物种子或试管种苗送到太空，利用太空特殊的、地面无法模拟的环境（如高真空、宇宙高能离子辐射、宇宙磁场、高洁净等）的诱变作用，使种子产生变异，再返回地面经过常规选育、培育新品种的育种新技术（图2-34）。由于航天环境有许多地面难以获得的诱变因素和多因子综合作用的条件，某些作物品种可能出现一些在地面难以出现的特异性状，这为遗传育种提供了新的种质资源，从而创造出更优良的作物新品种。一般来讲，太空育种具有有益的变异多、变幅大、稳定快，以及高产、优质、早熟、抗病力强等特点。其变异率较普通诱变育种高出3~4倍，育种周期比杂交育种缩短约一半，由8年左右缩短至4年左右。太空育种是集航天技术、生物技术和农业育种技术于一体的农业育种新途径，是当今世界农业领域中最尖端的科学技术课题之一，通过已进行的太空农业试验，植物、动物等生物体的许多特性被揭示。我国早在1986年制定的“863计划”中，将空间植物学研究列入了空间生命研究计划，并确定我国实施航天育种工程的策略为：加强航天育种，追踪

图2－34　太空蔬菜新品种

国际发展趋势，提高我国作物育种水平。目前，世界上只有美国、俄罗斯、中国三个国家拥有返回式卫星技术。在太空育种方面，中国走在了世界的前列。

地面上普通的青椒、番茄和黄瓜，在太空遨游了一遭回来就摇身一变换了模样。很多人都有些不放心，这些东西能吃吗？科学家测试发现，经太空育种的青椒还是青椒，番茄依然是番茄，并无外来生物基因的“侵入”，作物没有发生本质的变化。这就比如 DNA 的基因排列是“1、2、3、4”，经太空育种后的基因排列是“1、3、4、2”，只是排列次序发生变化。美国曾对“哥伦比亚号”航天飞机搭载的番茄种子及果实进行化验分析，结论是：无毒，可以食用。联合国的国际粮农组织、国际卫生组织、国际原子能机构已经联合认定：太空种子是安全种子，太空种子培育出的农作物是健康食品。明白了这个道理，当你看到经太空遨游后的黄瓜像胳膊一样粗，茄子如篮球一般大时，大可不必过于担心，完全可以放心食用。

尽管到目前为止太空育种取得了不错的成效，但人们仍无法控制种子的变异方向，只能是任其发展。现在对于太空育种知识的宣传，往往让人对太空育种的神奇充满向往，而忽视了它的局限性。经过统计发现，一般种子在太空中的突变率是在0.05%～0.5%之间，一点变化都没有的种子则很多，而且在所有变异中，并非所有的都是我们所期望的高产、优质、抗性增强等有益变异，一些无用的变异甚至“劣质”变异也时常出现。科普作家方舟子曾经表示，“太空诱变”和其他诱变方法在本质上是一样的，当我们用辐射、药物处理种子时，是在盲目地攻击种子中的DNA，DNA序列或结构会发生什么样的变化我们无法预知，那么它们会如何改变生物体的功能也是随机的，因而人们得到有益变异也具有随机性。定向变异是当今世界的科学空白区，等待着科学家们去做进一步的探索。

蔬菜是园艺之首。2011年，我国蔬菜的产值首次超过粮食作物，成为我国第一大农产品，蔬菜产业是种植业中最活跃的一个分支。目前，我国人均蔬菜拥有量达到每人每年370千克，而世界发达国家每年人均蔬菜拥有量也只有100多千克，我国几十种主要蔬菜的产量位居世界第一，我国是世界上名副其实的蔬菜生产大国。然而我们应该认识到，“大国”并非“强国”，我国蔬菜单位面积产量落后于世界平均水平，是发达国家的十几分之一，甚至几十分之一，蔬菜商品率亦远远落后于世界平均水平，出口产品难以达到国际市场标准。究其原因，传统、粗放、原始的生产方式阻碍了蔬菜产业的发展。我们的邻国日本曾面临着与我国农业发展中的相同问题，人口密度大，人均耕地少，传统农业效益低。20世纪80年代科技立国的发展战略，使包括农业在内的各项产业得到快速发展，日本一跃成为高端农业、精品农业的典范。一根黄瓜110日元（约7元人民币），一个番茄价格150日元（约10元人民币），一个青椒250日元（约16元人民币），这便是这种高端、精品农业所带来的经济效益。这种“求精”的发展模式也是值得我们借鉴的。

3 观赏植物的发展历程

观赏植物是人为划分的植物类群，以具有可供观赏的花、叶、果、根和茎等为主要特性的一类植物。高可至大乔木，矮可至铺地草坪；艳可若牡丹，素可若狗尾。同时，随着人类历史文化的发展，植物的姿、韵、香、意等带有浓郁人文色彩的特征也成为观赏（或欣赏）的重要因素。因此，不仅越来越多植物种类的观赏特性被开发出来，人们在几百年来还根据自身的喜好培育出了众多的植物品种（如菊花、牡丹等）。另一方面，这些宝贵的观赏植物资源也给人类的生活和生产带来了巨大的物质和精神财富，并极大地推动了经济的发展。因此，观赏植物不仅是人类历史文化发展的重要标志，也是经济飞速发展的重要体现。

3.1 踏上观赏植物之路

3.1.1 观赏植物的起源

观赏植物通常是指人工栽培的，具有一定观赏价值和生态效应的，可应用于花艺、园林，以及室内外环境布置和装饰的，以改善和美化环境、增添情趣为目标的植物总称。因此，它的主要作用就在于“取悦”于人类。那么，当你工作疲惫、心情烦躁之时，抬头看见窗台上那朵娇艳欲滴的小花，摇摆着她纤细的身姿，像是要拂去你所有的劳累和烦恼；当你吸收了一天的汽车尾气和工业废气后，回到家中，那一盆盆绿油油的植物就像勤劳的清洁工，为你带来阵阵的清新；当你和亲朋好友畅游在祖国的大好河山中，那一片片的姹紫嫣红不时地映入我们的视野，让我们心旷神怡……美丽的观赏植物可谓时时处处都陪伴在我们的身边，丰富着我们的生活，给我们带来美的享受。种类繁多的观赏植物不仅具有较高的观赏价值，还能美化环境促进人类身心健康。因此，在现代城市园林建设中日益受到人们的重视，并被誉为健康和幸福生活的象征。

观赏植物的栽培起源也遵从栽培植物起源的一般规律，但由于观赏植物在生产目标和使用价值等方面具有特殊性，因而也有其自身的栽培起源规律。中国科学院南京中山植物园张宇和先生经研究提出了观赏植物的三个起源中心：

中国中心

中国是世界上野生植物种类最丰富的国家之一，又具有5 000多年的文明历史，对观赏植物的引种驯化、繁殖栽培、杂交选育由来已久。例如，牡丹、芍药、菊花、兰花、月季、玫瑰、杜鹃花、山茶花、荷花、桂花、蜡梅、扶桑、海棠花、紫薇、木兰、丁香、萱草等都起源于中国，是我国劳动人民聪明智慧的见证，经过唐代、宋代的发展达到鼎盛。从明代、清代开始，观赏植物的起源中心逐渐向日本、欧洲和美国转移，形成了日本次生中心。

西亚中心

西亚是古代巴比伦文明和世界三大宗教的发祥地，起源于此的观赏植物有郁金香、仙客来、秋水仙、风信子、水仙、鸢尾、金鱼草、金盏菊、瓜叶菊、紫罗兰等。西亚中心经过希腊、罗马的发展，逐渐形成了欧洲次生中心，成为欧洲花卉发展的开端，美国作为欧洲次生中心的一部分也开始了自身的发展。

中南美中心

当地古老的玛雅文化，虽然孕育了许多草本花卉，如孤挺花、大丽花、万寿菊、百日草等，但中南美中心至今没有得到足够的发展，这也是与以上两个起源中心不同之处。

众所周知，从19世纪中叶到20世纪40年代，中国一直是欧洲、美国等发达国家进行植物采集与开发的重要宝库。从20世纪后半叶开始至今，世界花卉资源开发的重点逐步转移到澳大利亚和南非，如原产南非的非洲菊、唐菖蒲、马蹄莲、君子兰等，原产澳大利亚的麦秆菊、红千层、大米花、蜡花等，均成为世界花卉的重要种类。随着人们对新、奇、特花卉种类和品种的不断追求，南非和澳大利亚有可能成为新兴的观赏植物起源中心。

3.1.2 中国起源的观赏植物发展历史

观赏植物（花卉）的文字记载，最早出现于公元前11世纪商朝的甲骨文中，与现在花卉一词的含义不同，花和卉二字各有其意，花指开花植物的花，卉则为各种草的总称。直到公元6～7世纪，《梁书·何点传》中才真正出现花卉二字，即指美丽的花和草，从那时起人们开始利用和欣赏花卉。战国时期（前475～前221）人们对于花卉的欣赏与应用已体现于日常的生活与劳动中，常以花传情、以情赏花，并在宫室庭院中栽植花草树木，逐渐形成了早期的园林形式。随着南北朝时期文化艺术的形成与发展，在园林建设得到发展的同时也促进了花卉由纯生产栽培走向观赏栽培。许多关于花卉的书、诗、画、歌、工艺品等也开始相继面世。唐宋时期作为封建社会发展的鼎盛时期，社会的稳定与繁荣使得花文化得到空前发展。据传，当时点茶、挂画、燃香和插花合称“四艺”，成为社会上特别是文人士大夫阶层文化修养和风雅生活的重要组成部分。到了明清时期，花卉的栽培与应用技术得到完善且更加系统化，关于花卉的各类著作出版多且内容丰富。

观赏植物栽培在我国也有着极其古老的历史。早在公元前1046—公元前771世纪的西周，在《周礼·天官·大宰》一书中就出现了“园圃毓草木”的记载。“毓”是“育”的意思，这也就是说早在西周时期，我国劳动人民就已经在园围中培育草木了。《周礼》并记载周代设置“囿人，中士四人，下士八人，府二人，胥八人，徒八十人”专管鸟、兽、鱼、虫及花木栽培。这样看来观赏植物在中国有2 000年以上的栽培历史。《魏·刘芳传》载：“按《论语》称夏后氏以松，而《尚书·逸篇》则太社惟松，东社惟柏，南社惟梓，西社惟槐。”这说明早在夏代，设坛已有绿化。我国观赏植物种质资源丰富，从16世纪开始，各国植物学家纷纷来华搜集观赏植物资源。例如，美国加州的树木花草有70%以上来自中国，意大利引种的中国园林植物约1 000种，英国和日本引种的种类就更为可观，德国现有植物中有50%来源于中国，荷兰40%的花木是由中国引入。我国高度丰富的遗传资源为世界园林做出了杰出的贡献，因此，我国也当之无愧地被誉为“世界园林之母”。

3. 1. 3　观赏植物的成长史

1. 始萌期——周、秦

春秋时代一些民歌中，已有关于野生花草树木形态、生态与应用的记述。距今约 2 500 年编辑的诗歌大全——《诗经》中就记载了许多种观赏植物的特征与风姿，还有青年男女分别时赠以芍药、姑娘掷梅子给心上人等应用花果表达感情的习俗。

秦王嬴政在公元前 221 年统一中国后，在京都长安、骊山一带建阿房宫、上林苑，大兴土木，广种花果树木。当时引种的就有木兰、女贞、杨梅、柿、黄栌、柑橘、枇杷等，而这些花果树木在经历了几千年的发展之后，迄今已经成为园林规划中应用非常成熟的绿化树种。

2. 成长期——汉、魏晋、南北朝

随着生产力的发展和人民生活水平的改善，观赏植物的栽培目的逐渐由以经济、实用为主，开始转向以观赏、美化为主了。

首先，汉代以观赏为目的的植物引种规模渐大。据《三辅黄图》所记，汉武帝刘彻于公元前 138 年在长安扩修秦代遗留的上林苑，在 100 千米的宫苑中，大量收集、栽种各地嘉果名花，包括荔枝、槟榔等，堪称中国古代最大规模的植物引种试验。张骞出使西域，将葡萄、胡桃等中亚植物引入中国。

自西汉起，养花种草在官僚富豪中日渐盛行。如西汉之富贾袁广汉、东汉大将军梁翼，均先后在洛阳建自然山水私园，将奇树、芳藤、名花、异草配植其间。至晋代，中国的观赏园艺有较大发展。如西晋稽含撰写的《南方草木状》，描述了华南植物 80 种。东晋戴凯之在《竹谱》中记载了 370 多种竹子，是中国第一部观赏植物专著。中国乃至世界最早在庭园中栽培菊花的，大抵始于东晋之陶渊明。

北魏贾思勰于 6 世纪 30 ~ 40 年代著成农业巨著《齐民要术》，除总结当时华北地区较高水平的农业技术外，还记述了绿篱制作、槐与麻子混播促槐苗端直、梨树嫁接及砧穗关系等，反映了当时世界上前所未有的栽培技艺。

3. 兴盛期——隋、唐、宋

隋代统治年代虽不长，但观赏园艺却已进入兴盛时代。隋炀帝杨广在洛阳建西苑，广种奇花异草。由于他下诏进名花，易州献20箱牡丹名品，此系牡丹在中国栽培、选种之最早记载。

众所周知，唐代是中国封建社会中期的全盛时期，观赏园艺日益兴盛，花卉种类与品种不断涌现。寺庙园林及对公众开放的游览地、风景区，如长安（今西安）曲江、钱塘（今杭州）西湖等处都栽培不少名花。此外，名花的国际交流也时有所闻，如梅花、牡丹和菊花等都在8世纪前后东传日本；地中海地区的水仙，也于唐宋时引入中国。

宋代在结束了50余年的五代十国战乱后，逐渐步入稳定繁荣时期，观赏园艺也随之兴盛，由此大兴造园、栽花之风。而东京（今开封）、西京（今洛阳）、临安（今杭州）、平江（今苏州）更属其中佼佼者。开封之寿山艮岳，为宋徽宗赵佶主持修建，历十余年而成，广泛的园林植物造景成为这个大型山水园的一大特色，使该园成为最负盛名的皇家园林，应运而生的是各地春笋般的花卉生产中心。

4. 停滞期——明、清、民国时期

元代以其掠夺性的统治影响了中国社会的经济发展，而明、清则是中国封建社会逐渐衰落的时期，民国时期战乱频繁，因此，观赏园艺几百年来处于停滞不前的状态。其间，也不时出现回升或有某些发展。

明、清两代在北京、承德、沈阳等地建立了一些皇家园林，在北京、苏州、无锡等城市出现了一批私家园林。前者要求庄严肃穆，种植松、柏、槐等，后者则注意四季特色与诗情画意。如春有垂柳、玉兰、梅花、桃花；夏有芍药、月季、荷花、紫薇；秋有菊花、桂花；冬有蜡梅、山茶和南天竹、竹类等植物。

民国时代因军阀混战，日本军国主义入侵，社会动荡，仅有南京中山陵园、金陵大学园艺试验场、中央大学园艺试验场、庐山植物园、陕西武功西北农学院园艺场等少数单位从事观赏园艺生产与科研工作。

5. 复荣期——新中国成立后

自新中国成立至今的60余年内，我国的观赏园艺经历了恢复——受挫和破坏——繁荣发展的曲折坎坷道路。20世纪50年代是恢复时期，随着国民经济的逐渐恢复和发展，观赏园艺专业也出现了转机，各地城市先后成立了园林局，有组织、有计划地恢复花卉生产，发展观赏园艺事业。

1958年，中央提出“实现大地园林化，大种观赏植物，美化全中国”的号召，观赏园艺事业也随即蓬勃发展。

但是，从20世纪60年代初起，片面强调“以粮为纲”，出现了忽视园艺的特点及主要效益的偏向，特别是在“文化大革命”期间，使刚刚恢复的观赏园艺事业遭受了严重的摧残。直到1976年以后，观赏园艺事业才重新被认识而受到重视，逐步获得了复苏和发展。

自改革开放以来，我国经济日趋繁荣，随着农村产业结构调整，农业生活水平的不断提高以及与国际接轨的需要，我国的观赏园艺事业，不仅从生产、科研、教育、绿化等方面都得到了全面的重视，而且步入了一个健康的、稳步发展的新时期。

3.2 观赏植物的价值体现

文艺复兴时期伟大的诗人但丁在《神曲》中所说：“我向前走去，但我一看到花，脚步就慢下来了……。”美丽的观赏植物具有独特的色、香、姿、韵，内涵丰富了人们的生活。

观赏植物用其丰富的色彩调节人们的生理和心理。例如，火红浓烈的杜鹃和山茶让人燃起对生活的热爱和对美的追求；娇俏嫩绿的水杉和垂柳带给人们清新和平静的感觉，而墨绿色的油松和云杉则让人顿感庄严肃穆；象征收获的黄色果实（银杏、橙、柿等）让人由衷地感到温暖和欢欣……

大家都喜欢什么颜色的花呢，花的不同颜色代表不同的性格，想知道自己是什么性格么？如果你喜欢白色的花，那么你态度认真，多才多艺，是个完美主义者；如果你喜欢红色的花，那么你性格外向，热情而正义感强；如果你喜欢蓝色的花，那么你谦虚礼貌，协调能力较强……

美丽的植物回报给大自然的不仅仅是缤纷的色彩，还有那浓郁的香味：浓香的玫瑰、薰衣草、夜来香、丁香等能让人马上从低落的情绪中走出来；甜香的桂花、白兰花能消除疲劳、舒缓心情，特别适合办公室工作人员选用；而清新淡雅的梅花、荷花、兰花能使人头脑清醒、思维明晰，特别适合从事创造性的脑力工作者。

其实，可供观赏的不仅是叶和花，果实同样具有极高的观赏价值。如红彤彤的柿子、黄灿灿的银杏和橘子、晶莹得像蓝宝石的沿阶草（图3-1）……

观赏植物还有其特定的意境美：这是花卉文化的一个部分，人们在欣赏花卉时常移情和联想，将花卉情感化和性格化，这是自然以外的范畴。如梅花代表有骨气和气节；荷花代表清白纯洁；松树代表坚贞不屈、长寿；红豆代表相思、恋念；柳树代表依依不舍、绵绵不断的情感；玫瑰代表爱情；菊花代表清高等。

图3-1 沿阶草的蓝色果实

观赏植物作为园林绿化、美化的重要材料，在城市园林中起着重要的作用；观赏植物是构成美丽景观，形成引人入胜佳境的重要材料。其中，草本花卉具有花色艳丽、装饰效果强等特点，在园林绿地中常用来布置花坛、花境、花台、花丛等，人工创造优美的工作和休息环境；木本花卉则在一年四季表现出不同的景色，很多树木本身就是大自然的艺术品，它的根、茎、叶、花、果、树姿均具有无比的魅力。同时，将观赏植物融入城市园林建设中对陶冶人的性情，静化人的心灵有着重要意义。

3.2.1 观赏植物促进历史文化发展

在我国几千年以农业为主的社会发展中，以观赏为主要目的而广为流传的植物在我国的文化发展中可谓举足轻重。它们作为唐诗宋词的“源头活水”之一，赢得了多少赞美，给了诗人们多少灵感，寄予诗人多少情怀啊！

早春时节，万木复苏，杨柳、梅、杏、桃、李和青草构成了整个春天的美妙情景：“草色青青柳色黄，桃花历乱李花香”“袅袅城边柳，青青陌上桑”，春天的娇嫩、芬芳和春色的盎然尽收眼底。贺知章的名篇《咏柳》：“碧玉妆成一树高，万条垂下绿丝绦。不知细叶谁裁出？二月春风似剪刀。”更是将柳树的婀娜多姿描绘得淋漓尽致，栩栩如生。历代诗词作品中对杨柳的赞美还有“拂水斜烟一万条，几随春色醉河桥”，“桃红复合夜雨，柳绿更带朝烟”。对杏、李的美丽也多有描述，“万树江边杏，新开一夜风。满园深浅色，照在绿波中”。杏花开放的时间十分集中，往往一两日前还含苞待放，突然天气暖和，一夜之间便满园春色。类似的也有“忽如一夜春风来，千树万树梨花开”，“绿杨烟外晓寒轻，红杏枝头春意闹”，春天的勃勃生机通过杏花跃然纸上。

早春的风景在园林植物中最能得到体现的是梅花与青草。“忽见寒梅树，开花汉水滨。不知春色早，疑是弄珠人。”（王適《江滨梅》）。“一树寒梅白玉条，迥临村树傍溪桥。不知近水花先发，疑是经冬雪未消。”（张谓《早梅》）。两首诗在写法上可谓有异曲同工之妙，早梅的傲霜而立也被描绘得惟妙惟肖。“瑶草一何碧，春入武陵溪”，萋萋的青草，迷人的春色，跟随诗人们一起到姹紫嫣红的春天里去欣赏大自然的精华——园林植物吧！“黄四娘家花满蹊，千朵万朵压枝低。留连戏蝶时时舞，自在娇莺恰恰啼。”（杜甫《江畔独步寻花》）。“菖蒲翻叶柳交枝，暗上莲舟鸟不知。更到芦花最深处，玉楼金殿影参差。”（卢纶《曲江春望》）。“碧云天，黄叶地”，秋天的一草一木也都别具风味。“千山红树万山云”，红霞般的枫叶是诗人们的最爱。“霜叶红于二月花”，难怪白居易“停车坐爱枫林晚”了。花木的惊艳之美不仅在于其形，还在于其味、其韵。“兰陵美酒郁金香”，何花之美，胜过美酒？“东篱把酒黄昏后，有暗香盈袖”，夜风柔柔，衣袂飘飘，暗香幽幽，花不醉人人自醉。“沙上并禽池上暝，云破月来花弄影”宋代张先此句描写花韵可谓神形兼备，并凭此句与“娇柔懒起，帘幕卷花影”“柔柳摇摇，坠轻絮无影”赢得了“张三影”之称。花木是如此之美，杜牧将“娉娉袅袅十三余”的少女喻为“豆蔻梢头二月初”，李清照怜惜地感叹“雨疏风骤”后的海棠“绿肥红瘦”。更有“只恐夜深花睡去，故烧高烛照红妆”。

3.2.2 观赏植物丰富了我国人民的生活

首先，花草树木贯穿整个田园生活。悠然若“采菊东篱下”，淳朴若“把酒话桑麻”，喜悦若“稻花香里说丰年”。田园生活，因为观赏植物，生出多少和谐、朴实和悠闲啊，无赖小儿在溪头卧剥莲蓬，渔民归罢停船芦花边，农家更是满植栀子、桂花……其次，反映自然季节时间。如我国长江中下游地区于春夏之交时有连绵阴雨，时逢梅子黄熟，故称“黄梅雨”或“梅雨”。

3.2.3　观赏植物的生态价值

植物，作为大自然最天然的净化器，其生态价值自然是不容小觑的，而观赏的植物因其深受大众喜爱的“外表”，得以渗入现代生活的每一个角落（城郊、广场、道路、大厅、办公室和卧室等）。因此，它在美化环境的同时也将自己的生态效应传播至现代都市的每一个角落。

首先，观赏植物能够净化空气、水体和土壤。虽然这被认为是林木或者是森林的功效，但殊不知，众多的观赏植物同样能够“小材大用”。例如彩叶草、蟆叶海棠等叶片凸凹不平的表面，或者杜鹃、构树等叶片上浓密的绒毛，或者夹竹桃等叶片分泌的黏液在阻滞城市的尘埃方面大有作用；法桐、女贞等开阔茂密的树冠能显著降低风速，同时在缓冲雨水冲刷、减少表土流失方面也有重要作用。水体净化中也有许多“功勋不凡”的美丽花卉，如芦苇能吸收水中的酚类物质、水葱能吸收有机物、水葫芦能吸收水中的金、银、汞、铅等重金属。另外，还有些特殊的植物，在用来观赏的同时，还能分泌杀菌素，杀死空气和土壤中的细菌、真菌和原生物，如松树、稠李、椴树、冷杉，所以，它们也被人们亲切地称为“绿色灭菌器。”因此，观赏植物可并不是徒有“美貌”的“花瓶”哦！

其次，观赏植物能阻隔噪声、降低温度，改善小气候。现代城市工厂多，交通繁忙，噪声已成为一种不可忽视的污染。有资料显示，当噪声超过 70 分贝时，可引发头痛、情绪烦躁、听力减弱，甚至发生心脑血管、中枢神经系统等方面的疾病。而观赏植物具有阻挠、吸收声波的作用，据测定树林里声波传播距离仅是空旷地的 1/10。因此，观赏植物又被称为“绿色消音器”。绿化的街道比无绿化的街道其噪声可降低 8～10 分贝。所以，一些分枝低、树叶茂盛的乔木经常用于城市的街道绿化，如悬铃木、朴树、黄山栾等。

炎炎夏日，有浓叶遮阳是一件多么惬意的事情啊！古人有云“背靠大树好乘凉”！有调查数据显示，夏天树荫下平均能降低温度 4℃左右！即便没有大的树木，大面积的花卉或者草坪降温效果也很显著。无怪乎观赏植物有“城市的绿色空调”美誉。

最后，观赏植物能够吸收CO_2、释放O_2，有益身心健康。这个作用虽然在森林中更为显著，但在应用上却是与人们更“密切接触的”观赏植物更为广泛。尤其是在人口密集区，CO_2局部浓度甚至可达2%，而0.05%的CO_2即可使人的呼吸不适，CO_2浓度增高相应的引起O_2含量减少，O_2减少10%就会使人出现恶心呕吐。此时，因“观赏”而种植或摆放的花草树木就开始发挥功效了，它能通过光合作用吸收CO_2、释放O_2，从而调节CO_2和O_2，在空气中的相对平衡，而且还可以增加空气中的负氧离子含量，使人们在赏心悦目的同时又强身健体，一举两得。

3.2.4 观赏植物的经济价值

大多数观赏植物都有生产物质财富，创造经济价值的作用。根、茎、叶、花、果、种子及其所分泌的乳胶、汁液等可以入药、食用或做工业原料用，总之浑身是宝。如国际市场上被称为“液体黄金”的玫瑰香精油，要比黄金昂贵得多；另外牡丹、芍药、银杏、金银花等均可入药；栗类、银杏等果实的种子富含淀粉，被誉为“铁杆庄稼”。除此之外，还有不少观赏植物可以提供纤维类、树脂类、饲料类、用材类等经济副产品。种植者还可通过培育苗木、生产盆栽花木和树桩盆景等获取经济效益。

3.2.5 观赏植物的药用价值

药用观赏植物是指具有较强的观赏性又具有药用价值的植物的总称。观赏性可以是植物的花、果、枝、叶和树干，药用价值也可以是植物的叶、枝、花、果、皮和根。花茶的广受好评，正充分地体现了植物的药用价值在我们的日常生活中的重要性。首先便是我们日常生活中最常饮用的菊花，菊花不仅清肝明目，更适于在天气干燥的春季和秋季饮用，能有效减轻由于天气原因引起的烦躁、上火。爱美的女性则更钟爱于花茶的美容效果，玫瑰花不仅色彩艳丽、香味浓郁，更是美容的首选；茉莉花作为美容大军中的一员，其最突出的作用便是祛痘，这让“斗痘女们”怎不心动；芦荟作为护肤品的主要成分，更以其排毒养颜、美白保湿的功效备受人们青睐。另外还有，有助于安眠的薰衣草；去除口臭的薄荷叶；降压排毒、解除疲劳的千日红；去痰、止咳的柠檬等。

总之，观赏植物不仅能使人从视觉上、精神上得到美的享受，更能带给人们健康、安静的生活环境。它在美化环境、保护环境、维持生态平衡中起着不可替代的作用。

3.3 中国十大名花

中国十大名花（兰花、梅花、牡丹、荷花、菊花、月季、桂花、杜鹃花、水仙花和山茶花），它们每一个都有着美丽的容颜和浓厚的内涵，而且长盛不衰，下面就让我们分别来认识一下它们吧。

3.3.1 兰花

兰花公主喜欢干净和安静，浑身散发清新淡雅的香味，身姿婀娜但又不媚俗，有“王者之香”的美誉……

兰花是多年生草本植物，叶线形或剑形，有“看叶胜看花”的美誉。花由3枚萼片和3枚花瓣以及1个合蕊柱（由雄蕊和雌蕊结合而成）构成，其中萼片位于最外方，3枚花瓣位于里层，而3枚花瓣中，居中的中下方1枚称为唇瓣，它在不同的兰花中变化最大，也是兰花中观赏性能最高、最精彩的一部分。兰花花姿秀美，色泽以淡雅为主。古人以“一茎一花者为兰，一茎多花者为蕙”，加上兰花叶态飘逸，花容清秀，所以常用“兰心蕙质”来比喻女子幽娴聪颖的品性。兰花还具有馥郁独特的香味，《说文》有云：兰，香草也。孔子尊之为“王者香草”。在中国几千年的文化中，兰花还以其清雅、高洁的品性广受人们喜爱。孔子曾说“芷兰生幽谷，不以无人而不芳，君子修道立德，不为穷困而改节”。唐代大诗人李白曾把幽兰喻为“兰章”，把真挚之友谊喻为“兰交”，把良友喻为“兰客”……可见兰花在人们心中的地位非比寻常了。

关于兰花的由来有这样一个传说：很久以前，在幽深的大别山谷住着一个恶婆婆，她对童养媳兰姑娘总是看不顺眼，说她好吃懒做，动不动就不给她饭吃，还罚她干重活。有一天，恶婆婆认为兰姑娘偷吃了一块糍粑，就用簪子把兰姑娘的舌头戳得血肉模糊，可怜的兰姑娘就这样含冤而死。很多年之后，在兰姑娘死去的幽谷中，长出了一棵小花，淡妆素雅，玉枝绿叶，无声无息地吐着清香。人们都说它是兰姑娘的化身，卷曲的花蕊像舌头，而花蕊上缀满的红斑点是斑斑的血痕，相传这就是美丽善良的兰姑娘的化身。

我国共有31种兰属植物，将其分为兰组、蕙组、垂花组、宽叶组和幽花组。其中兰组仅指春兰，垂花组、宽叶组和幽花组也仅有一种，分别为莎草兰、兔耳兰和大根兰。蕙组较多，包括常见的建兰、寒兰、墨兰等。兰花按其生态习性分为气生兰、地生兰、腐生兰三大类。由于地生兰大部分品种原产中国，因此地生兰又称中国兰，并被列为中国十大名花之首。中国兰花主要为春兰、蕙兰、建兰、寒兰、墨兰五大类。

兰花在我国南北均有分布，除了华北、东北和西北的宁夏、青海、新疆之外，各个省区都有不同种类的兰属植物，其中又以东南和西南分布较广。绍兴是中国植兰最早的地方之一，素称“兰花故乡”。南宋宝庆《会稽续志》载：“兰，《越绝书》曰：勾践种兰渚山。”兰渚山，在今漓渚兰亭，仍以盛产春兰而驰名中外。绍兴兰花，品种繁多，其花形、色彩、香味，均属独特。传统名种“宋梅”“楼梅”“环球荷鼎”“簪蝶”等，均出自绍兴。绍兴奇种“绿云”，属国家级保护珍稀资源。1959年，绍兴奇瓣名兰一株，被北京中山公园命名为“中山蝴蝶荷”。1982年，绍兴市人大常委会定兰花为绍兴市花，并成立了全国第一个兰花协会，即绍兴市兰花协会。

兰花常用的繁殖方法有分株、播种及组织培养繁殖。分株繁殖在春秋两季均可进行，一般每隔三年分株一次。凡植株生长健壮，假球茎密集的都可分株，分株后每丛至少要保存5个联结在一起的假球茎。分株栽植宜选用富含腐殖质的沙质壤土栽植。由于兰花的种子发育不完全，使得其在自然条件下发芽力很低，以常规方法播种不能正常萌发，因此，需要通过人工手段来供给养分使其萌发。

3.3.2 梅花

梅花公主最令诗人倾倒的气质，是她寂寞中的自足和“凌寒独自开”的孤傲。它不屑与凡桃俗李在春光中争艳，而是在天寒地冻、万木不禁寒风时，独自傲然挺立，在大雪中开出繁花满树，幽幽冷香，随风袭人……

梅花，即梅树的花，梅树为蔷薇科李属的落叶小乔木。梅树不仅以其花朵色彩繁多而广受人们喜爱与栽植，梅花更因“凌寒独自开”而被人们誉为“坚强，高雅”的象征（王安石《梅花》：墙角数枝梅，凌寒独自开。遥知不是雪，为有暗香来）。除了花期早之外，梅花还因树姿苍劲有力（疏、瘦、古）、老干缀花、抗性强（尤抗低温和干旱）而广受我国南北地区喜爱，如以梅花为观赏胜地的南京、武汉、北京等。另外，梅花国外栽培较少，尤其是在 1998 年 8 月，我国获得了国际梅品种登录认证，充分发挥了我国传统名花的特色，我国的梅花也在国际花界大放异彩。

梅花最初以淡粉红或白色为主，后经人广为栽植，培养出了紫、红、彩斑至淡黄等花色。梅花作为有名的观赏植物，不仅是南京、武汉、无锡、梅州等地的市花，还被广泛应用于现代的园林绿化中，可做孤植、丛植、群植等景观处理。除此之外，也具有良好的药用价值：花蕾能开胃散郁，生津化痰，活血解毒；根研磨可治疗黄疸。

梅花的品种按照其花色花型可分为红梅、照水梅、宫粉梅、大红梅、绿萼梅、玉蝶梅、洒金梅等；按枝条及生长形态可分为照水梅、叶梅、直角梅等。其中宫粉梅最为常见，花瓣显现粉红色，如初春的少女，花朵密集而浓厚；玉蝶梅花瓣紫白；绿萼梅花瓣白色，香味极浓，尤以“金钱绿萼”为好。每至寒冬，成片的梅花疏枝缀玉，缤纷怒放，有的白似瑞雪，有的绿如碧玉，有的艳如朝霞，形成梅海凝云的壮观景象，煞是好看。

梅花作为中国传统的名贵花卉，已有 3 000 多年的栽培历史。梅花不仅花期早而长，且不畏严寒而开放，使得许多文人骚客对梅花情有独钟，并视赏梅为一件雅事，更有“梅妻鹤子”的典故：相传北宋著名诗人林逋长期隐居在杭州西湖孤山，终生不娶不仕，埋头栽梅养鹤，被人称为“梅妻鹤子”。他对梅花观察入微，曾咏出“疏影横斜水清浅，暗香浮动月黄昏”的经典名句，广为后人传诵。古人关于梅花的记载也很多，《书经》云：“若作和羹，尔唯盐梅。”《礼记·内则》载：“桃诸梅诸卵盐”。《诗经·周南》云：“摽有梅，其实七兮！”在《秦风·终南》《陈风·墓门》《曹风·鸤鸠》等诗篇中，也都提到梅。上述古书的记载说明，古时梅子被用作调味品，是祭祀、烹调和馈赠等不可或缺的东西。1975年，中国考古人员在安阳殷墟商代铜鼎中发现了梅核，说明了早在3 200年前，梅就以食品的形式进入了人们的生活。

梅花常用嫁接法繁殖，砧木多用梅、桃、杏、山杏和山桃。梅喜温暖和充足的光照，因而露地栽培梅花，应植于阳坡或半阳坡地段。也可将地栽数年的植株移入有软松肥沃土壤的盆中，并对植株进行整形和修剪，用以制作梅花盆景。

3.3.3 牡丹

牡丹皇后每年谷雨，喷红吐艳，华美芬芳。人们倾城而出，如醉似狂。家家为俗，四海同好，牡丹的铁杆儿粉丝与日俱增。它的标准像被大量印行，高悬于辉煌的厅堂和明净的居室。更展示了她雍容华贵的一面，可谓“国色朝酣酒，天香夜染衣”。

牡丹是我国特有的木本名贵花卉，素有“国色天香”“花中之王”的美称，更有名句“唯有牡丹真国色，花开时节动京城”，因此，长期以来被人们当作富贵吉祥、繁荣兴旺的象征。牡丹原产于我国西部秦岭和大巴山一带山区，后以洛阳牡丹、菏泽牡丹最负盛名。洛阳牡丹素有“甲天下”之称，关于洛阳牡丹有着这样一个故事：传说，女皇武则天在一个隆冬大雪纷飞的日子夜游御花园饮酒作诗，并乘酒兴醉笔写下诏书“明朝游上苑，火速报春知，花须连夜发，莫待晓风吹”。本是醉酒戏言，谁承想百花慑于此命，一夜之间绽开齐放，武皇大喜之下发现牡丹竟然抗旨不开，于是勃然大怒，遂将牡丹贬至洛阳。谁知刚强不屈的牡丹一到洛阳就昂首怒放，这便更加激怒了女皇武则天，便又下令烧死牡丹。然而，牡丹枝干虽被烧焦，但到第二年春，反而开得更盛了。从此，洛阳牡丹享誉天下。

牡丹为多年生落叶灌木，叶通常为二回三出复叶，因此无花时节，叶裂片也具有很高的观赏价值。牡丹花大，而且单生枝顶，直径能达到10～17厘米，而且牡丹经过几千年的栽培，多为重瓣花，花瓣顶端呈不规则的波状，颜色也极为丰富（白、黄、粉、红、紫及复色），所以在观赏花木中是为数不多的“雍容典雅”的花木。牡丹花色丰富，从玫瑰色、红紫色、粉红色至白色，通常变异很大。牡丹根皮供药用，名曰“丹皮”。

牡丹作为观赏植物栽培，则始于南北朝，据唐代韦绚《刘宾客嘉话录》记载：“北齐杨子华有画牡丹极分明。子华北齐人，则知牡丹亦矣。”又据《太平御览》谢康乐说：“南朝宋时，永嘉（今温州一带）水际竹间多牡丹。”牡丹这一名称的发现，标志着牡丹栽培历史的开始。明代李时珍本草纲目说：牡丹虽结籽而根上生苗，故谓‘牡’（意谓可无性繁殖），其花红故谓‘丹’。近代生物学先驱达尔文在19世纪70年代写的《动植物在家养情况下的变异》一书中说，牡丹在中国已经栽培了1 400年，从19世纪70年代推到1 400年前，那是公元五世纪，即南北朝初年，和中国牡丹的栽植历史大体相符。

牡丹常用分株和嫁接法繁殖，也可播种和扦插。牡丹本身为深根性落叶灌木花卉，性喜阳光，耐寒，爱凉爽环境而忌高温闷热，适宜在半干半湿的疏松、肥沃、排水良好的沙质土壤中生长。因此，在栽植牡丹的过程中，需要根据牡丹的生长特点进行培植。

3.3.4 菊花

菊花仙子素洁高雅，不与世俗同流合污，孤高傲世，洁身自好。菊花仙子很爱美，总是想方设法变换造型，更换新装。有时候她们更喜欢三五成群聚在一块，排列成不同的队形……蔚为壮观。

菊花在中国有3 000多年的栽培历史，中国菊花约在明末清初时传入欧洲。中国人极爱菊花，从宋朝起民间就有一年一度的菊花盛会。中国历代诗人画家，以菊花为题材吟诗作画众多，因而历代歌颂菊花的大量文学艺术作品和艺菊经验，给人们留下了许多名谱佳作，并流传久远。农历九月的深秋时分，正是菊花开得最艳的时候，因此又称为菊月。在菊花这个璀璨的香国里，有的端雅大方，有的龙飞凤舞，有的瑰丽如彩虹，有的洁白赛霜雪，相当迷人。菊花的凌霜怒放，性情冷傲高洁，在群芳中备受"不为五斗米折腰"的陶渊明喜爱，更为菊花写下"采菊东篱下，悠然见南山"的千古佳句。古神话传说中菊花又被赋予了吉祥、长寿的含义。关于菊花长寿的故事，在我国民间流传很多。早在2 000多年前，汉代的应劭在《风俗通义》里说：河南南阳郦县（今内乡县）有个叫甘谷的村庄。谷中水甜美，山上长着许多很大的菊花。一股山泉从山上菊花丛中流过，花瓣散落水中，使水含有菊花的清香。村上30多户人家都饮用这山泉水。一般都活到130岁左右，最低的也有七八十岁。汉武帝时，皇宫中每到重阳节都要饮菊花酒，以延年益寿。

菊花也有一定的食用价值，早在战国时期就有人食用新鲜的菊花。唐宋时期，我国更有服用芳香植物而使身体散发香气的记载。当今在一些发达国家吃花已十分盛行，在我国的北京、天津、南京、广州、香港等地，也日渐成为时尚。《神农本草经》中把菊花列为药之上品，认为"久服利血气，轻身耐老延年"。但不是所有的菊花都能食用。食用菊又叫真菊，主要产于广东。

菊花是多个野生种（包括毛花菊、野菊和紫花野菊等）天然杂交，并经长期人工选择培育而成的名贵观赏花卉，也称艺菊，菊花式样繁多，品种复杂，达3 000余种。其花色彩丰富，有红、黄、白、墨、紫、绿、橙、粉、棕、雪青、淡绿等。最早的分类法是以花色分类的，如宋代刘蒙《菊谱》就是依色将36个品种分为黄17品、白15品与杂色4品。

按照自然花期将菊花分为：春菊（4月下旬~5月下旬）、夏菊（6月上旬~8月下旬）、早秋菊（9月上旬~10月上旬）、秋菊（10月中下旬~11月下旬）和寒菊（12月上旬~1月）。

菊花也可按照花朵直径分为小花菊（≤6厘米）、中花菊（6~10厘米）、大花菊（10~20厘米）和特大花菊（≥20厘米）。

菊花的花瓣外轮为舌状花，内轮为筒状花。舌状花分为平瓣、匙瓣、管瓣和畸瓣四类，筒状花发展成为具各种色彩的桂瓣。中国园艺学会和中国花卉盆景学会将菊花的5个瓣系定义为：平瓣（舌状花基部的管部≤全瓣长的1/3）、管瓣（舌状花呈管状）、匙瓣（舌状花基部的管部为全瓣长的1/2至2/3）、桂瓣（筒状花先端不规则状开裂）和畸瓣（管瓣先端开裂成爪状）。

盆栽类的菊花包括独本菊（一株一花，故又名标本菊，在菊展中多用于品种展出）、案头菊（一株一花，花大株矮，可列几案上观赏）和立菊（一株多花）。

特殊造型的菊花为造型艺菊，在各大菊展上多见，极具观赏价值。包括大立菊（一株百朵至千朵，常用分枝性好的强健菊花品种培育而成，并加以人工整理，使之花序井然，或扎成各种图案花纹，一旦花开，美丽壮观。充分体现出巧夺天工的园林艺术）、悬崖菊（一株百朵至千朵，但枝条呈悬垂状，多用小花系品种培植而成，繁花朵朵，花团锦簇，如居高悬崖，别具雅趣）、嫁接菊（一株上嫁接不同花型或花色的菊花，也可做成造型，常见的如动物等。砧木常用的有白蒿或黄蒿，借助其高大健壮的体魄，让菊花寄居其上，形成高大的菊塔，蔚为奇观）和菊艺盆景。

菊属有30余种，中国原产17种，主要有：野菊、毛华菊、甘菊、小红菊、紫花野菊、菊花脑等。喜凉爽、较耐寒，生长适温18~21℃，地下根茎耐旱，最忌积涝，喜地势高、土层深厚、富含腐殖质、疏松肥沃、排水良好的壤土。在微酸性至微碱性土壤中皆能生长。为短日照植物，在每天14.5小时的长日照下进行营养生长，每天12小时以上的黑暗与10℃的夜温适于花芽发育。

菊花的繁殖方法一般有两种，即营养繁殖和种子繁殖。为了保持菊花的优良性状不变，在生产当中一般都采用营养繁殖，只有在培育新品种时才进行种子繁殖。在菊花的生产中，常用的营养繁殖的方法有：扦插、分株、嫁接、压条、组织培养等方法，其中以扦插繁殖应用最多。

3.3.5 月季

月季皇后拥有一颗金子般的心，另外她并不像外表那样孤傲，反倒很平易近人，为大家所喜欢，在我们周围都是很常见的，男女之间也常常需要靠我们的月季皇后传达情谊哦，一点也不逊色于玫瑰。

月季又称“月月红”。月季四季开花，多红色，偶有白色，不仅可作为观赏植物，也可作药用，也被称月季花。自然花期为5~11月，花大型，有香气，广泛用于园艺栽培和切花。中国是月季的原产地之一，月季为北京市、天津市等市的市花。红色的切花月季更成为情人间必送的礼物，成为了爱情诗歌的主题。月季为常绿或半常绿低矮灌木，或蔓状与攀缘状藤本植物。茎为棕色偏绿，具有钩刺或无刺，但也有几乎没有刺的月季。小枝绿色，叶为墨绿色，叶互生，小叶一般3~5片，宽卵形（椭圆）或卵状长圆形，长2.5~6厘米，先端渐尖，具尖齿，叶缘有锯齿，两面无毛，光滑；花生于枝顶，花朵常簇生，稀单生，花色甚多，色泽各异，径4~5厘米，多为重瓣也有单瓣者，花期4~10月（北方）、3~11月（南方）。

月季因花期长而著名，被称为花中皇后。起源于中国又盛行于中国。月季色彩艳丽，千姿百态，深受中国人民的喜爱。月季在中国传统文化中处于弱势地位，但新的考古发现，月季花是华夏先民北方系——相当于传说中的黄帝部族的图腾植物。近几年，具有自主知识产权的月季品种逐渐增多，其中"中国红"月季无论是名称还是颜色都最具中国特色，符合奥运用花的标准。充满着生机与活力的红色，是中国人最喜欢的颜色，象征着吉祥如意、幸福与欢乐，同时也象征着向上的活力。每束颁奖花束由9支"中国红"月季组成。月季四季开花，花多红色，偶有白色，花朵大而有香气，月季不仅可作为观赏植物，还广泛用于园艺栽培，也可作药用。

月季经历了一个相当长的育种和品种演化过程，大致可分为三个独立的时期，在这三个时期，育种方法相对不同，但以基因的变化为育种的主题，是共同的。三个时期划分如下：

早期（1875年以前）：持续了约5 000年，到1875年，孟德尔发表了他的著名的杂交遗传规律，人们对月季的育种也发展为定向杂交育种。

近代（1875~1967年）：开始于定向技术的应用。有两个重大发现。首先，大花品种的育成，它是由皮内特在1900年育成的。它标志月季种间杂交定向育种的第一次成功。第二个重大成果，是在1920年，古老矮壮品种的育成，"pompon de paris"，在瑞士重新发现这个新种类，现命名为R. roulettii Corre von，是现代一些微型月季的起源。

月季育种现代阶段（1967年至今）：1967年，英国人黑尔以藤本杂种茶香月季为试验材料，成功地从体细胞里诱导出胚，表明分子生物学技术成功地应用到月季育种中来了。从此人们开始应用现代分子生物学技术育种。这里需要强调一点的是蓝色的月季。月季品种中现有的蓝色品种多为近紫色，如“X 夫人”等。近年来热销的“蓝色妖姬”其实是让花枝吸收颜料的人工染色所致。但我们相信，随着科技的飞速发展，真正的蓝色月季一定会培育成功的。

月季大多采用扦插繁殖法，亦可播种、分株、压条繁殖。扦插一年四季均可进行，但以冬季或秋季的硬枝扦插为宜。其中播种繁殖，用于有性杂交育种。而对于少数难以生根的名种，则用嫁接繁殖，其砧木以野蔷薇为宜。

3.3.6　杜鹃花

杜鹃公主似乎是一位苦命的公主，她好像没有先前的几位公主那般活泼，她慢慢向我们诉说着细细的哀怨和思念，大概她有过一段刻骨铭心的过去，心底在默默的为之守候，令人赞叹的是她始终保持顽强的生命力。

杜鹃花是木本花卉，并且花、叶兼美，地栽、盆栽皆宜，用途非常广泛。花色丰富，种类繁多，形态各异，因此广受热爱。对杜鹃花最为钟爱与推崇的要数唐代的大诗人白居易了，他写杜鹃花诗也最多。“……闻折两枝持在手，细看不似人间有，花中此物是西施，芙蓉芍药皆嫫母。……”芙蓉、芍药就够好看了，可在他眼里，与杜鹃花相比，只能算是丑老太婆，唯有杜鹃花是天界仙地所化的美西施。关于杜鹃花的由来，也有一个悲凉的传说：古时蜀帝杜宇，死后仍舍不得离开他的子民，其灵魂便化作一种鸟，名叫“杜鹃鸟”，常叫着“不如归！不如归!”直叫得口吐鲜血，血滴在一种树上，便开出血红色的花，后人为纪念杜宇便称此花为“杜鹃花”。

杜鹃花色丰富，有大红、朱红、紫红、粉红、肉红、橙红等的红色系；金黄、褐黄、纯黄、米黄、乳黄，浅黄、绿黄等的黄色系；纯白、乳白等的白色系；另有各种深浅的堇色；还有混合色的。此外，杜鹃的花形异常丰富：有漏斗形、钟形、瓮形、碗形、碟形、类唇形、辐射形等。杜鹃花的形态种类也非常繁多：既有高达 20 多米的大乔木，也有高仅 2.5 ~5 厘米极矮小的小灌木杜鹃，或高 10 ~20 厘米的匍匐状高山杜鹃；甚至还有垫状的。其中最罕见的是大树杜鹃。1919 年，英国采集家傅利斯在我国的云南腾冲高黎贡山西坡，意外地发现了他从未见过的“杜鹃巨人”——大树杜鹃。贪婪之心，驱使他雇来苦力，横着心，举起斧，硬将这一株高达25米、胸径达87厘米、树龄达280年的大树杜鹃砍倒，捞了一个圆盘状的木材标本回去，至今仍陈列在伦敦的大英博物馆里。20世纪80年代初在同一地区，于海拔2 380米的原始森林中，先后发现40余株大树杜鹃，最大的树龄500年，干基周长3.07米，高达28米，堪称“杜鹃之王”。其叶长达30厘米，盛花之时，绝大多数杜鹃花呈多朵着生于枝顶，呈“花团锦簇”状，美如彩霞。云南还有一种乔木的“马缨杜鹃”，花朵10～20朵簇生，远看像一朵硕大的花朵顶生枝头，甚为美丽。

杜鹃在我国栽培历史悠久。最初是作为药用植物栽培的，早在公元492年，齐梁·陶弘景在《本草经集注》中记有：“羊踯躅，羊食其叶，踯躅而死，故名。”此即为黄杜鹃，闹羊花，叶含有毒素，入药可镇痛、祛风，除湿等。江苏镇江鹤林寺很早就有杜鹃花种植，据《丹徒县志》载：“相传唐贞元年（785年），有外国僧人自天台钵盂中以药养根来栽之。”从唐·白居易所写杜鹃花诗中也可得知，该寺曾于819年前后经数次移栽山野杜鹃才获成功，于厅前观赏。明·李时珍撰《本草纲目》（1587年）对羊踯躅、映山红有更详细记载；明·徐宏祖著《徐霞客游记》中描述了滇中的杜鹃花。清·陈淏子著《花镜》（1688年）总结了杜鹃花的习性和栽培经验。19世纪初，欧洲栽培的杜鹃品种多是日本产的东亚杜鹃系统，花期是6～8月。欧洲人欲在圣诞节摆放，但经多年催花均未成功。后植物学家罗伯特·福琼将中国春暖即开的映山红引至欧洲，与东亚杜鹃、白杜鹃等进行杂交，育出一批优美的大花型并适合冬季催花的品种群，使杜鹃花育种大放异彩。因当时的育种中心在比利时的根特市，因此，被称为“比利时杜鹃”。后再传入中国，称西洋杜鹃，简称“西鹃”。

杜鹃花属种类繁多，分布于欧洲、亚洲及北美洲，其中以亚洲为最多。而中国占全世界种类的59%，是当之无愧的资源宝库。杜鹃花在我国除新疆外南北各省区均有分布，但以长江以南分布较多，尤以云南、西藏和四川种类最多，为杜鹃花属的世界分布中心。杜鹃花属种类多，习性差异大，但多数种产于高海拔地区，喜凉爽、湿润气候，不适宜在酷热干燥的环境中生长，对光有一定的要求，但不适宜暴晒。杜鹃的繁殖，可以用扦插、嫁接、压条、分株、播种五种方法，其中以采用扦插法最为普遍，繁殖量最大；压条成苗最快，嫁接繁殖最复杂，只有扦插不易成活的品种才用嫁接法，播种法则主要用于培育品种。

3.3.7 荷花

荷花仙子与众不同的是她生活在水里，大概因为太喜欢水了吧，经过水的洗礼确实使的仙子清新脱俗，然而在水下则是像魔鬼一样的污泥，整日想搞破坏，但我们的荷花仙子从来都不与其同流合污，出淤泥而不染。当你再见到荷花仙子可千万别碰触她，她可是希望每个人都是位君子，她也是只可远观而不可亵玩喔。荷花——花中仙子，“毕竟西湖六月中，风光不与四时同。接天荷叶无穷碧，映日荷花别样红。”

荷花又名莲花、水芙蓉等，属睡莲科多年生水生草本花卉。地下茎就是我们日常食用的藕。花朵大且单生于枝顶，并被高托于水面之上，每日晨开暮闭。花色有白、粉、深红、淡紫色、黄色或间色等；花型也丰富多样，有单瓣、复瓣、重瓣及重台等。在花朵中央有倒圆锥状的花托，花托表面有许多孔洞，在每一孔洞内都着生有一个小坚果，就是我们日常所食用的莲子。荷花作为我国的传统名花，花叶清秀，花香四溢，沁人肺腑，更有迎骄阳而不惧，出淤泥而不染的气质。因此为世人称颂，并被人们视为坚贞纯洁的象征。陈志岁《咏荷》诗曰：“身处污泥未染泥，白茎埋地没人知。生机红绿清澄里，不待风来香满池。”所以荷花在人们心目中是真善美的化身，吉祥丰兴的预兆，也是佛教中神圣净洁的名物。据佛典介绍，“莲花台，严净香妙可坐”，因此佛都坐在莲花台座上，以示佛法庄严神妙。

荷花相传是王母娘娘身边的一个美貌侍女——玉姬的化身。当初玉姬看见人间双双对对，男耕女织，十分羡慕，因此，动了凡心，在河神女儿的陪伴下偷出天宫，来到杭州的西子湖畔。西湖秀丽的风光更使玉姬流连忘返，忘情地在湖中嬉戏，到天亮也舍不得离开，王母娘娘知道后用莲花宝座把玉姬打入湖中，并把她“打入淤泥，永世不得再登南天”。从此，天宫中少了一位美貌的侍女，而人间多了一种玉肌水灵的鲜花。

“荷”被称为“活化石”，是被子植物中起源最早的植物之一。在人类出现以前，大约10亿年前，地球大部分被海洋、湖泊及沼泽覆盖。当时，气候温湿，高达数十米的蕨类植物遍布地球各个角落。大部分种子植物无法生存，只有少数生命力极强的种子植物生长在这个恐龙、蕨类植物称霸的地球上。其中，有一种就是我们今天称为“荷花”的水生植物。大约过了1亿多年，原始人类开始出现。人类为了生存，采集野果充饥，不久便发现这种“荷花”的果和根茎（即莲子与藕）不仅可以食用，而且甘甜清香，味美可口。渐渐地，“荷花”这一人类生存的粮食来源便深深地印刻在我们的祖先——原始人类的心中，成为人类生存的象征。

在生产应用中，荷花多采用分藕繁殖，不仅可保持品种的优良特性，且可当年观花。如要培育新品种，则多采用播种繁殖。若植于池塘，一般采用整枝主藕作种。缸、盆栽时，主藕、子藕、孙藕均可用。缸栽荷花的场地应选在避风的全光照处，家庭盆养要置于阳台上或院子里。采用播种繁殖的当年半数不能开花。播种用新莲子或陈莲子均可。

3.3.8 山茶花

山茶花被喻为花中珍品，“似有浓妆出绛纱，行光一道映朝霞。飘香送艳春多少，犹如真红耐久花。”山茶花又名茶花，别名曼陀罗，为山茶科山茶属植物，是常绿阔叶灌木或小乔木，叶片厚革质，多数富有光泽。花两性，大，顶生枝头，色系丰富，花瓣基部连生成一体而呈筒状；雄蕊发达，多达100余枚，基部也连生成筒状，集聚花心。山茶是中国传统名花，世界名花之一，也是云南省省花，浙江省温州市市花。许多城市也将其定为市花，如重庆市、昆明市、青岛市（山东省）、金华市（浙江省）等。郭沫若曾盛赞曰：“茶花一树早桃红，百朵彤云啸傲中”，“人人都道牡丹好，我道牡丹不及茶”。

山茶花原产于喜马拉雅山一带，我国浙江、江西、四川及山东均有分布，尤以云南为盛；到了7世纪时，山茶首传日本，18世纪起，山茶多次传往欧美。成为世界知名的花卉之一（图3-2）。我国山茶的栽培早在隋唐时代就已进入宫廷和百姓庭院了。到了宋代，栽培山茶花之风日盛。南宋诗人范成大曾以“门巷欢呼十里寺，腊前风物已知春”的诗句，来描写当时成都海六寺山茶花的盛况。明代李时珍的《本草纲目》，王象晋的《群芳谱》，清代朴静子的《茶花谱》等都对山茶花有详细的记述。

目前中国山茶花品种已有300个以上。在浙江、福建和江苏等地已开始批量生产。目前，已成为花卉市场冬季主要的盆栽观赏花木。

图3.2 山茶花

山茶花的繁殖方法有扦插、嫁接、播种等。嫁接繁殖常用于扦插生根困难或繁殖材料少的品种，砧木以油茶为主。山茶花性喜温暖湿润的气候环境，忌烈日，喜半阴的散射光照，亦耐阴。生长适温为18～25℃，略耐寒，一般品种能耐－10℃的低温；耐暑热，但超过36℃生长受抑制。喜高湿空气，忌干燥，灌溉不透，过于干燥，叶片发生卷曲，也会影响花蕾发育。所以宜在年降水量1 200毫米以上的地区生长，但土壤不宜过湿，特别是盆栽，盆土过湿易引起烂根。山茶花喜肥沃、疏松的微酸性土壤，不喜欢浓肥。施肥过量容易使根系受损，减少花朵的数量。

3.3.9 桂花

桂花，她甜甜的香气远远地吸引着我们，不光只有她的香气，她的花虽长得并不娇艳也不浓郁，只是那么谦卑的小小一朵开着，不是那么扎眼，但她又不负使命地努力开着，可谓暗淡轻黄体性柔，情疏迹远只香留（图3－3～图3－5）。

桂花为木樨科木樨属常绿阔叶灌木或小乔木，高1.5～15米。别名木樨，中国的桂花，中秋的明月，自古就和我国人民的文化生活联系在一起。许多诗人吟诗填词来描绘她、颂扬她，甚至把她加以神化，嫦娥奔月、吴刚伐桂等月宫系列神话，月中的宫殿，宫中的仙境，已成为历代脍炙人口的美谈，也正是桂花把它们联系在一起。桂树竟成了“仙树”。宋代韩子苍诗：“月中有客曾分种，世上无花敢斗香”。李清照称桂花树“自是花中第一流”。宋之问在《灵隐寺》中赞誉“桂子月中落，天香云外飘”，故后人将桂花称为“天香”。

桂花种类多，以其叶型而言，有金扇桂、葵花叶、滴水黄、柳叶桂、柴柄黄

图3－3　银桂

图3－4　金桂

之分；以其花期而言，分为秋桂类和四季桂，秋桂类花期9～10月，而四季桂花期较长，一般是除了夏季外均有花开。不管是秋桂类还是四季桂，花色均有白、黄、橙三种颜色，分别称为银桂、金桂和丹桂。

图3－5　丹桂

我国桂花栽培历史悠久。文献中最早提到桂花是战国时期（公元前475～公元前221）的《山海经·南山经》，谓“招摇之山多桂”。唐代文人植桂十分普遍，吟桂蔚然成风。唐宋以后，桂花在庭院观赏中得到广泛的应用。元代倪瓒的《桂花》诗中有“桂花留晚色，帘影淡秋光”的诗句，表明了窗前植桂的情况。桂花的民间栽培始于宋代，昌盛于明初。我国历史上的五大桂花产区均在此间形成。我国桂花于1771年经广州、印度传入英国，此后在英国迅速发展。现今欧美许多国家以及东南亚各国均有栽培。

桂花原产我国西南部的喜马拉雅山，在云南、广东、广西、四川、湖北、安徽等多省均有分布。目前我国有五大桂花生产基地，分别是湖北咸宁、江苏苏州、广西桂林、浙江杭州和四川成都。桂花性喜温暖，湿润。幼树及花期需要充足的水分，不耐贫瘠。喜洁净通风的环境，不耐烟尘危害，畏淹涝积水；不很耐寒，但相对其他常绿阔叶树种而言，还是一个比较耐寒的树种，这也为北方桂花盆栽提供了较多的可能。

3.3.10 水仙

水仙是凌波仙子，光听名字就知道是一位袅袅婷婷的美女，清新脱俗。“娉婷玉立碧水间，倩影相顾堪自怜。只因无意缘尘土，春衫单薄不胜寒。”

水仙又名雅蒜，为石蒜科水仙属多年生草本植物，地下有肥大的鳞茎，形似大蒜。叶线形，从基部丛生伸出，花单朵或多朵着生于花茎顶端，花中央形成独特的喇叭状，具有很好的观赏价值。其根，如银丝，纤尘不染；其叶，碧绿葱翠传神；其花，有如金盏银台，高雅绝俗，婀娜多姿，清秀美丽，洁白可爱，清香馥郁，且花期长。这珍贵的花卉早已走遍大江南北，远渡重洋，久负盛名，誉满全球。水仙花多为白色或黄色，清静淡雅，亭亭玉立于水面，花朵又婀娜多姿，幽香微然，让人不禁联想到《洛神赋》（曹植）中的名句：“凌波微步，罗袜生尘”。因此，黄庭坚在《王道充送水仙花五十枝，欣然会心，为之作咏》中将其比喻为“凌波仙子”。

水仙属有水仙、黄水仙、长寿水仙三个属。水仙品种的分类主要是按产地来分的，中国品种有普陀水仙、酒杯水仙、丁香水仙、崇明水仙 、漳州水仙等，但以福建漳州水仙最为著名，远销海内外。外国则有“香水水仙”“口红水仙”“喇叭水仙”“黄水仙”“仙客来水仙”等品种，花叶美丽，但其鳞茎不能像中国品种那样可以随意雕刻。

我们常见的品种有：喇叭水仙：花大（直径约 5 厘米）、单生，副冠约与花被片等长。花期 2 ~ 3 月。围裙水仙：植株低矮，叶细带状，暗绿色；花小，单生，副冠长漏斗状，花色纯黄。红口水仙：又称红水仙。花单生，少数一二朵，直径为 5 ~ 6 厘米；花被白色，副冠成浅杯状，黄色，边缘被皱，略带红色。仙客来水仙：植株矮小，花 2 ~ 3 朵聚生，黄色，花被片向后卷曲。丁香水仙：叶 1 ~ 3 枚，花 1 ~ 2 朵，高脚碟状，直径 2.5 厘米，花被黄色，副冠橘黄色，具浓香。

水仙性喜温暖湿润的气候，要求阳光充足。随生长发育阶段的不同需要不同的环境条件，其各个器官的生长也受环境的影响。球根经过休眠后，在 6 ~ 10℃

时才能抽花薹，但开花期间，如温度过高，也会导致开花不良或萎蔫不开花。水仙主要通过侧球、侧芽、双鳞片等方法进行繁殖。其中侧球繁殖是最普通常用的一种繁殖方法。

我国具有许多宝贵的观赏植物资源，是当之无愧的“园林之母”，但我们的种质资源保护意识还不太强，而目前我国的观赏植物产业布局正处在加速调整期，因此，抓住发展机遇，突出具有区域特色和文化传统的观赏植物生产，加强自主知识产权新品种选育是产业发展的重要方向。

4 观赏植物的应用

随着城市化进程的加快，园林绿化的观赏植物也得到了广泛应用。观赏植物在市政的绿化主要有行道树、庭荫树、绿篱、花坛、花境、花带和草坪等，在充分体现观赏植物的“美化”功能之外还改善和调节了生态环境。除此之外，在与城镇化相关的人们生活中，盆花栽培、切花装饰无不体现着观赏植物的作用。总之，无论是市政绿化、乡镇改造还是筑台造园、室内美化，都离不开观赏植物的影子。

4.1 大自然的多彩外衣

观赏植物、园林植物种类繁多，在园林绿地、森林公园及风景名胜区中应用的方式很多，没有固定的应用方式。

观赏植物应用的原则是：在满足植物生态习性的基础上，最大限度地发挥其环境效益和美学效益，以满足人们的社会需求和生活需求。

4.1.1 木本类观赏植物的园林应用形式

木本类观赏植物一般都有奇特的形态或者美丽的花朵。我国的木本观赏植物资源非常丰富，有7 000多种，其中还有许多是只有中国才有的珍贵树木，如银杉、银杏、金钱松、珙桐等。木本类植物的应用较为广泛，不仅可以作为行道树、庭荫树、园景树以绿化道路，美化环境，而且还有些攀缘的木本植物可以绿化建筑物墙体增加城市的绿化面积，净化城市空气，让生活在城市中的人们感受到大自然的气息，享受清新的空气。

（1）行道树

行道树是对种植在各种道路两侧或者分车带两侧的树木总称。行道树的作用特别大，不仅可以补充氧气、净化空气、减少雾霾天气，而且还为车辆及行人庇荫，在降温、防风、滞尘、减弱噪声的同时还能够装饰、美化街景。台湾著名的散文作家张晓风，就曾写过一篇为许多中小学课本录用的名为《行道树》散文，形象地描述了行道树在“充满车辆与烟囱的工业城市”不可替代的作用，并赞扬了行道树这种无私奉献的精神。可见，行道树已经是现代社会的一个重要装饰。

中国的气候与欧美等国家的相比，夏天长而热，因此行道树在中国的绿化资源配置上显得尤为重要。炎炎夏日，走在绿树成荫的道路上，不仅为我们赶走了一丝燥热，更增添了一道绿色的风景线。行道树的选择应适应当地自然环境和城市的特点。无论是一个城市还是一个地区，都应对其城市行道树进行科学的规划。

在行道树的园林应用上，多以绿荫如盖、形态优美的落叶阔叶乔木应用于城区道路。其中，悬铃木在我国多个城市得到广泛应用而被称为“行道树之王”（图4－1）。而郊区及一般等级公路，则多注重行道树的速生长、抗污染、耐瘠

图4－1　被称为行道树之王的悬铃木

薄、易管理等养护成本因素。烈士陵园及墓道等纪念场地，则多以常绿针叶类及棕榈类树种为主，如圆柏、龙柏、雪松、马尾松等。近年来，随着城市环境建设标准的提高，常绿阔叶树种和彩叶、香花树种的选择应用有较大发展并呈上升趋势。使用较多的行道树种有悬铃木、椴树、白榆、七叶树、枫树、喜树、银杏、杂交马褂木、樟树、广玉兰、含笑、女贞、青桐、杨树、柳树、槐树、池杉、榕树、水杉等。

（2）庭荫树

庭荫树是指冠大阴浓，在园林、居住区或其他风景区中起庇荫和装点空间作用的乔木（图4－2）。因为它是以遮阴为主要目的的树木，所以又称绿荫树、庇荫树。早期多在庭院中孤植或对植，以遮蔽烈日，创造舒适、凉爽的环境并提供良好的休息和娱乐环境。古就有谚语“大树底下好乘凉”，因此可以说它是我国应用最早、最基本的一种绿化方式。同时，由于树干苍劲、阴浓冠茂，可形成美丽的景观。后来发展到栽植于园林绿地以及风景名胜区等远离庭院的地方。热带和亚热带地区多选常绿树种，寒冷地区则以落叶树为主。庭荫树一般都具备树形美观、枝叶茂密的特点，有一定的树干高度和冠幅，而且花、果等秀色可餐，令人赏心悦目。

图4－2　庭荫树

庭荫树可孤植、对植或3~5株丛植于园林、庭院。配植方式可以根据面积大小，建筑物的高度、色彩等而定。如建筑物比较高大雄伟的，宜选高大树种；矮小精致的宜选小巧树种。树木与建筑物的色彩也应浓淡相宜。庭荫树与建筑物之间的距离不宜过近，因为距离过近会影响建筑物的基础和采光。树荫会随着四季变化和日光方向的改变而改变，庭荫树具体种植位置，应考虑树冠的阴影在四季和一日中的移动对四周建筑物的影响。一般以夏季午后树荫能投在建筑物的向阳面为标准来选择种植。中国园林中常见的庭荫树有梧桐、银杏、广玉兰、樟树、榕树等。

（3）园景树

园景树的观赏价值较高，在园林绿地中能够独自构成美景，因此多选用形体高大，树姿优美或具有突出观赏特点的树种，也形象地称为孤植树或标本树，常种植于公园入口内或园路交叉处。园景树是园林景观中应用种类最为繁多、形态最为丰富、景观作用最为显著的骨干树种。树种类型多样化，既有观花、赏果的，又有观形、赏叶的。树体选择变化多样，既有株不盈尺的矮小灌木，也有参天伴云的高大乔木。常绿、落叶总相宜，孤植、丛植可随意，不受时空影响，不拘于地形限制。看似随意洒脱、信马由缰，意却主题鲜明、功能清晰。园景树种的选择恰当，能反映绿地建设的水平；应用得体，能鉴赏景观布局的品位；综合效果评价高，能反映设计、施工者的独具匠心。园林绿化树种的应用，更重姿态神韵、写景画意："窗外花树一角，即折枝尺幅；庭中古树三五，可参天百丈。"（陈从周《说园》）

园景树的选择、应用，以树形高大、姿态优美为首要标准。如世界著名的五大园景树种雪松、金钱松、日本金松、南洋松和巨松，均为树高可达20~30米及以上的参天大树，其主干挺拔，主枝舒展，树冠端庄，景观气派雄伟。此外，尚有耐水湿条件的水松，为湖滨湿地的优良园景树种；而白皮松为我国特有珍贵的三针松，苍枝驳干，自古以来即为宫廷、名园所青睐，声名显赫。阔叶树种中的栾树、枫杨、榕树、香樟、广玉兰、桂花、银杏、无患子、丝棉木、木棉等。均具有优美的观形效果。而观果类树种的应用则给园林绿化景观又添一道亮丽的景色，冬青、枸骨、火棘、石楠、天竺等，红果灿灿，艳若珠玑；柿子、石榴、柑橘、枇杷等，硕果累累，金玉满堂。竹，其虚怀若谷、洁身自好的品格，历来备受诗人推崇，松、竹、梅配置，被合誉为“岁寒三友”，园景效果也是独树一帜。而秀叶俊丽的棕榈科树种，又尽显一派南国的风光。它们或茎干修直挺秀，群植似峰峦叠嶂，给人以美的震撼；或植株高大雄伟，孤植如猿臂撑天，给人以力的启迪。总之，大多园景树种，除其生态环境和经济效能之外，景观效应是最主要的，应用原则也是灵活多变的。

（4）花灌木

花灌木指花、叶、果、枝或全株可供观赏的灌木，在园景中是主要素材，因此在城乡绿化和园林植物配植中，常占有重要地位。花灌木常用于美化装饰分车带及路缘；分割空间；连接特殊景点的花廊、花架、花门，点缀山坡、池畔、草坪、道路和丛植灌木等。

花灌木栽植造景虽然比不上草坪和草本地被植物所产生的作用和效果，但也因其具有便于管理、效果明显的优点被广泛应用于园林绿化的重要场所，替代草坪和花草而产生高水平的园林景观效果，以满足现代化城市园林绿化的需求。它可以代替草坪成为地被覆盖植物，对大面积的空地，利用小灌木一棵一棵紧密栽植，而后对植株进行修剪，使其平整划一，也可以随地形起伏跌宕。虽是灌木，但整体组合却是一片“立体草坪”的效果，成为园林绿化中的背景和底色。不仅如此，它还可以代替草花组合色块和各种图案，一些小灌木的叶、花、果具有不同的色彩，可运用小灌木密集栽植法组合寓意不同的曲线、色块、花形等图案。这些色块和图案在园林绿地中或大片草坪中起到画龙点睛的作用。

花灌木不仅具有良好的装饰效果，而且耐修剪，可以通过人工修剪把它塑造成各种造型，如花篮、花球、花篱、花墙、花带、动物造型、几何图案等，以丰富城市景观，提高城市品位，有利于提高建筑物和地皮经济的价值。我国园林中主要应用的花灌木有牡丹、丁香、榆叶梅、蔷薇、绣线菊等。

（5）绿篱

绿篱就是栽种植物使之形成的墙垣，又称为树篱、植篱、生篱、花篱等。源于中国农村在院子四周密植分枝多或有刺的灌木充当院落或牲畜的围墙，常用来分隔空间，屏障山墙及厕所等不宜暴露之处。园林中人工修剪的绿篱是近百年前自西方传入中国的。

较高的绿篱以防噪声、防尘、分隔空间为主，多为栽植等距离的灌木或小乔木，可单行或者双行排列栽植。其特点是植株较高，群体结构紧密，立体感强，并有塑造地形、烘托景物、遮蔽视线的作用。中等高度的绿篱在园林建设中应用最广，栽植的也最多。其高度1米左右，宽度小于1米，多为几何曲线栽植。这种高度的绿篱有分隔大景区的作用，给游人以强烈的绿色质感、美化景观的目的。常用于街头绿地、小路交叉口，或种植于公园、林荫道、分车带、街道和建筑物旁；多营建成花篱、果篱、观叶篱。中等高度的绿篱材料依功能和观赏性能可栽植变叶木、金叶女贞、金边珊瑚、栀子、含笑、吊钟花、小叶女贞、七里香、木槿、红桑、火棘等。低矮绿篱的主要用途是园地的围定和作为草坪、花坛的边饰，多用于小型庭园，也可在大的园林空间中组字或构成图案。其高度通常在0.4米以内，由矮小的植物带构成，游人视线可越过绿篱一览园林中的花草景物。常用于低矮绿篱的植物有月季、黄杨、六月雪、千头柏、万年青、彩色草、红叶小檗、茉莉、杜鹃等。

（6）攀缘植物

攀缘植物指茎蔓细长，不能直立，但能攀附支撑物向上生长的植物。攀缘植物是园林植物中较为特殊的一个类型，攀缘植物的特点是：生长快、占地少、可充分利用空间，这个特性使园林绿化能够从平面向立体空间延伸，增加了城市绿化的组成部分。其主要用于攀缘绿化，因此对改善人均占地少的城市环境质量有重要意义；也可栽植于墙面、山石、枯树、灯具、园廊、棚架、篱垣等的旁边，形成各种立体的绿化效果，提高了植物的观赏价值和生态学价值。攀缘植物种类繁多、姿态万千，其中大部分为木本藤蔓植物（图4－3）。

4.1.2　草本类花卉的应用形式

草本花卉在我们的日常生活中随处可见，在城市绿化中所占的比例也较大。每当春风拂过，它们就努力伸展着枝叶，盛开着五颜六色的花朵，点缀着我们的生活。在草本花卉庞大的队伍中，除了以野生形式自然分布生长的植株外，现在更凸显了人为因素在植株生长分布中的作用及影响。在城市绿化中，草本花卉被

图 4－3　木本攀缘植物——爬山虎

应用于花坛、花台、花境、花丛、花架及花门等的景观设计中。

（1）花坛

花坛作为一种规则式的花卉应用形式，主要是按照设计意图在一定形体范围内栽植观赏植物（图 4－4）。花坛着重突出群体美，在植物的选择上主要为草本花卉，并搭配少量的木本植物，在整体形式上不仅可以营造出立体图案美，更能在色彩上表现出花红叶绿的自然美。花坛一般用在规则式园林的建筑物前、入口、广场、道路旁或自然式园林的草坪上。

花坛的布局与摆放随地形、环境的变化而异，需要采用不同的色彩及图案。花色应协调，用于摆放花坛的花卉不拘品种、颜色的限制，但同一花坛中的花卉颜色应对比鲜明，互相映衬，在对比中展示各自夺目的色彩。同一花坛中，避免采用同一色调中不同颜色的花卉；若一定要用，应间隔配置，选好过渡花色。花坛图案的设计，应简洁明快，线条流畅。花坛摆放的图案，一定要采用大色块构图，在粗线条、大色块中展现各品种的魅力。简单轻松的流线造型，有时可以收到意想不到的效果。另外，在花坛摆放中还可采用绿色的低矮植物（如五色草）作为衬底，摆放在不同品种、不同色块之间，形成高度差，产生立体感。常用的有五色苋、香雪球、四季秋海棠等。

图4-4 2006年北京天安门广场国庆花坛“万众一心”

（2）花台

中国传统的观赏花卉形式是花台，花台与花坛相似，不同之处在于花台的栽植容器距离地面需要一定的高度，以砖或石砌边框，中间填土种植花草，多在地下水位高或夏季雨水多且易积水的地区设置，有时在花台边上围以矮栏，如牡丹台、芍药栏等。应用范围相比于花坛而言较窄。

现代园林中的花台较为偏向小而高的花台，在一定规则的种植槽中种植一、二年生花卉。由于面积较小，每个花台内一般种植一种花草，同花丛式花坛一样，以盛花期艳丽的花色吸引人的眼球。由于花台较高，一般选择株型比较低矮、株丛紧密或者匍匐型的花卉，使它们的匍匐枝条沿着花台的边缘垂挂下来，给人以亲近自然的感觉。这种花台一般布置在广场或者庭院的中央，有时也会布置在建筑物的前面。花台有单个的，也有组合形式出现的，如有的将花台与休息坐椅相结合，有的结合竖向构图，把花台做成各种隔断、格架或墙面结合的高低错落的画面，使花台绿化与建筑装修有机地结合起来，在构图上形成富有趣味性的装饰小品供人赏玩。

（3）花境与花丛

花境是在中国大中城市公共绿地花卉的主要应用形式（图4-5）。艺术的花

图4-5 花境

境营造的是“虽由人作，宛自天开”“源于自然，高于自然”的景观；在景区公园、休闲广场、居住小区等绿地配置不同类型的花境，能极大地丰富视觉效果，满足景观多样性的同时也保证了物种多样性。花境一般利用露地宿根花卉、球根花卉及一、二年生花卉，栽植在树丛、绿篱、栏杆、绿地边缘，道路两旁及建筑物前，以带状自然式栽种。花境主要表现的是自然风景中花卉的生长规律，因此，花境不但要表现植物个体生长的自然美，更重要的是还要展现出植物自然组合的群体美。

花境与花丛都是人为模仿自然分布形式的特点，对草本花卉进行景观设计。二者的区别在于：花境多是以带状的形式出现，花丛则是以点缀的形式出现。漫步于小路之上，曲径通幽，暗香浮动，呈现一片宁静祥和之景。

（4）花架

花架则是利用不同建造材料供植物攀附其上形成景观，供人们观赏的园林设施。花架可应用于各种类型的园林绿地中，常设置在风景优美的地方，供休息和点景，也可以和亭、廊、水榭等结合，组成外形美观的园林建筑群；在居住区绿地、儿童游戏场中花架可供休息、遮阴、纳凉；用花架代替廊子，可以联系空间；用格子垣攀缘藤本植物，可分隔景物；园林中的茶室、冷饮部、餐厅等，也可以用花架制作凉棚，设置坐席；也可用花架作为园林的大门。观赏一处园林景观的时候，漫步到花架处，我们可以停下脚步，歇歇脚、赏赏景，也是一种别样的浪漫。

（5）花门

花门与花架相似，也是用观赏植物造型或攀附他物而形成的。其作为门形装饰常设在庭园中作为步行路的出入口，成为引人入胜的起点（图4-6）。

图4-6 花门

4.1.3 盆花装饰

盆花装饰就是把观赏植物种植在花盆里，是植物装饰的主要形式。盆花装饰的适用性比较强，不仅适合日常家居生活使用，也适合临时性的场地装饰需要，布置场合随意性强，因此在现代的广场等园林绿化中的应用广泛。

（1）盆花的室外装饰

室外盆花常常用于盛大的节日、庆典、迎宾时作为道路或广场的临时性装饰。室外的盆花装饰形式通常是以不同花色的盆花组合成优美典雅的图案，给人以节日的氛围。但是盆花组合比较费时费工，需要一定的人力物力，而且摆放期间需要专人精心管理，因此，只宜作为园林布置的补充。

（2）盆花的室内装饰

1）客厅装饰：客厅主要是接待客人及家庭成员活动的场所，近些年来新建的楼房客厅面积都比较大，可摆放一些观赏价值高、姿态优美的盆栽花卉或盆景，花色应与家具环境相调和或稍有对比，使人感到朴素、美观、大方。在面积很大的客厅里，可利用局部空间建造立体花园，突出主体植物，表现主人性格，经济条件允许的可经常更换盛开的名贵花卉。客厅面积较大的宜摆放挺拔舒展、风姿绰约、气势大方、造型生动且高大一些的花卉植物，如散尾葵、棕竹、南洋杉、香龙血树、橡皮树、龟背竹、绿巨人、瓜栗（发财树）等，一般选1~2株即可。在较小的客厅里，不宜摆放过多的大中型盆栽植物以免显得拥挤，可采用吊挂、花篮、壁挂布置，借以装饰客厅的空间。在沙发两边及墙角处摆放橡皮树、椰子、散尾葵、棕竹、瓜栗（发财树）、香龙血树（巴西木）、波斯顿蕨、肾蕨、彩叶芋、苏铁等，使坐在沙发上的您仿佛置身于大自然的怀抱之中。茶几上可适当布置鲜艳的插花。进门两旁的花架上可布置枝叶繁茂下垂的小型盆花。桌子上点缀小型盆景，摆设时不宜置于桌子正中央，以免影响主人与客人的视线。但客厅很大的也可在客厅的茶几上摆放一小盆苏铁，它浓绿的枝叶带有油亮的光泽，加上挺拔的身姿，能营造一种古朴典雅的氛围。如果在一角再配上一盆潇洒的竹类，则会使您的客厅显得更富有生气，有浓重情趣和诗情画意。在门厅摆放仙客来，表示喜迎宾客之意；在较宽敞的门厅前可放置两盆观音竹、杜鹃等，使宾客进门就有耳目一新的感觉。

2）卧室装饰：卧室是晚上休息的场所，是温馨的空间。摆放的花卉，必须有益健康；要主次分明，立足少而精的原则。一般不悬挂花篮、花盆，以免花盆滴水。可摆放在夜间能吸收二氧化碳的仙人掌科植物，也可摆放无土栽培的洋兰如蝴蝶兰、大花蕙兰等，还宜摆放略显宁静的小型盆花如文竹、吉祥草、麦冬等绿叶植物，也可摆放君子兰、观赏凤梨、金橘、桂花、茉莉、满天星、仙客来、袖珍石榴等。它们不但能给人一种青春的活力，而且会使人感到居室内春意盎然，充满生机。当然金橘、桂花、茉莉等花香植物开花时要注意您是否过敏。

3）书房：书房是读书、写字、绘图、用电脑的房间，是文雅、静谧和有序的地方。要以文静、秀美、雅致的植物来渲染文化气息。可摆放文竹、吊兰、棕竹、芦荟、绿萝、常青藤等，或摆放小山石盆景，给文静的书房增添一份幽雅感，并能缓和视力疲劳和脑神经的紧张感。在书房的写字台上宜摆放文竹，书橱上适合摆放吊兰、常春藤。文竹叶片碧绿，枝叶展开似片片云松，给人一种宁静、雅致之感；吊兰、常春藤的绿色叶片垂挂在书橱前，显得更加婀娜多姿。还可摆放香石竹、茉莉，既可提神健脑，又能增添书房内的幽雅气氛。

4）餐厅：餐厅是全家人每天团聚、进餐的重要场所。摆放花卉时要注意色彩的变化与对比，以有助于愉悦心情、增加食欲、活跃气氛。可摆放清洁、甜蜜为主题的植物，如棕榈类、巴西铁、凤梨类或其他色彩缤纷的大中型盆栽花卉和盆景，也摆放金橘、佛手等芸香科植物，它的清香可使人们在进餐时更有食欲。

4.1.4 切花装饰

切花即从植株上剪下的带有茎叶的花枝，常作为花卉装饰品的素材。切花具有观赏价值，是用于制作花篮、花束、花环、花圈、瓶插花、壁花，以及胸饰花等花卉装饰的茎、叶、花、果等植物材料。比如月季、康乃馨、菊花和唐菖蒲是世界著名的四大切花，它们的花被人们剪下来后可做各种用途。比如，当作鲜花花束出售或送人，或者用来插花做成花篮或插花艺术品。现代生活中，人们对鲜切花的需求量越来越大。插花艺术是将剪切下来的植物的枝、叶、花、果作为素材，经过一定的技术（修剪、整枝、弯曲等）和艺术（构思、造型、设计等）加工，重新配置成一件精致完美、富有诗情画意，能再现大自然美和生活美的花卉艺术品。插花艺术的兴起归于人们对花卉的热爱，通过对花卉的设计组合，表达一种意境来体验生命的真实与感动。

（1）东方式插花

东方式插花以中国和日本为代表。插花艺术在中国文化发展的历史长河中，源远流长，博大精深，是千百年来文化、历史、经济等共同沉淀的结晶。东方式插花崇尚自然，讲究优美的线条和自然的姿态。其构图布局高低错落，俯仰呼应，疏密聚散，作品清雅流畅。按植物生长的自然形态，有直立、倾斜和下垂等不同的插花形式。

东方式插花是以中国和日本为代表的插花，它与西方插花不同，西方式插花追求几何造型，而东方式插花更重视线条与造型的灵动美感。东方式插花的花型由三个主枝构成，因流派的不同而称“主、客、使”“天、地、人”，或是“真、善、美”。虽然称号不同，却都表达了东方人的一种生活态度和哲学思想。对中国人而言，插花作品被视为天人合一的生命之融合。以“花”作为主要素材，在瓶、盘、碗、缸、筒、篮、盆等七大花器内造化无穷奥妙的一种盆景类的花卉艺术，其表现方式颇为雅致，令人赏玩，爱不释手。在中华花艺中我们把最长的那枝称作“使枝”。以“使枝”的参照，基本花型可分为：直立型、倾斜型、平出型、平铺型和倒挂型。

（2）西方式插花艺术

西方式插花也称欧式插花，它比较注重花材外形特征，追求块面和群体的艺术魅力，其作品较为大方、凝练、简洁，构图形式多以均齐式、对称式表现，色彩艳丽浓厚，用花量比较大，表现出端庄大方、热情奔放、雍容华贵的风格。起源于地中海沿岸的西方式插花，从古希腊开始直到罗马后期，经历了中世纪的文化停止时期，14 世纪至 16 世纪才奠定了现代西方式插花的基础。

西方式插花一般指欧美各国传统的插花艺术形式。花多而色彩艳丽，多以几何图形构图插制，几种常用的西方式插花基本花型有“圆锥形”“椭圆形”“球形”“垂直形”“水平形”，还有以字母形状造型的“S”形、“T”形、“L”形等，都有其各自的魅力。

4.1.5 干燥花装饰

干燥花是干燥后仍然保持观赏性状的植物材料。它源于大自然，比绢花、塑料花逼真，也不需人照顾。干燥花不仅能保持植物的天然姿态，而且相较于切花而言观赏价值更为持久，运输与管理也更为方便。同时，干燥花也像切花一样，种类丰富，搭配形式多样，还可染成多种色彩，随意性很强。非常适合在家庭装饰中使用。同时，干花采用吸色性与吸味性强的植物制成，颜色自然柔和。因其经过严格的杀虫杀菌，故绝不会生虫霉变。干花的香味在半封闭环境下一般可持续半年至一年。香味散尽后，还可根据自己的喜好，选择从不同鲜花中提炼的香油为干花添香。

4.2 观赏植物的分类

对观赏植物进行分类，有助于我们对观赏植物的正确识别与应用。观赏植物的分类方法很多，可以根据自然分类、生长习性、生产应用等方式对其进行分类。

4.2.1 依生物学特性和生长习性分类

生物学特性是指花卉植物固有的特性，包括花卉的生长发育、繁殖特点、对环境条件的要求等有关的性状。生长习性是指植物对生态环境条件长期适应而在形态、生理、适应方式上表现出来的生长类型。主要包括以下几种：

（1）一二年生花卉

一年生花卉是指生活周期在一个生长季节内完成的花卉，即为一般所说的春季播种，夏秋开花结实，入冬前死亡的植物。日常生活中我们常见到的有鸡冠花、虞美人、马齿苋、向日葵、翠菊、牵牛花、凤仙花等。二年生花卉是指生活周期经两年或两个生长季节才能完成的花卉，如三色堇、风铃草、毛蕊花、毛地黄、美国石竹、紫罗兰、桂竹香、绿绒蒿等。因此可以形象地将一年生植物描述为“怕冷不怕热”的植物，因为它熬不过冬天；而二年生的植物为“怕热不怕冷”的植物，因为它熬不过夏天。

由于各地气候及栽培条件不同，二者常无明显的界限，园艺上常将二者通称为一二年生花卉，或简称草花。有时也把一些多年生花卉当作一二年生花卉包括在内。

一二年生花卉生长周期比较短，能为园林提供迅速的色彩变化，株形整齐一致，开花有序，在园林应用中群体效果甚为明显，而且种类品种丰富，通过园艺师的精心搭配即可达到周年有花，所以是布置花坛的不二选择，也可在花境中依不同花色成群种植，或植于窗台花池、门廊栽培箱、吊篮、旱墙、铺装岩石间以及岩石园，还适于盆栽和用作切花。

（2）多年生花卉

顾名思义，多年生花卉就是植物的个体寿命超过两年，能多次开花结实的草本植物，因此形象地将其描述为能够“冬眠”的植物。根据地下器官变态与否，又可分为宿根花卉和球根花卉。

宿根花卉是指地下部器官形态未变态成球状或块状的多年生花卉，地下部分可以宿存于土壤中越冬，翌年春天地上部分又可重新萌发生长、开花结实。宿根花卉依耐寒能力不同可分为耐寒性宿根花卉和不耐寒性宿根花卉。耐寒性宿根花卉一般原产温带，耐寒或半耐寒，可以露地栽培，在冬季有完全休眠的习性，表现为：地上部的茎叶在秋冬季节全部枯死，地下部进入休眠，到春季气候转暖时，地下部分再萌发生长、开花，如芍药、鸢尾等；不耐寒性宿根花卉大多原产温带的温暖地区及热带、亚热带，耐寒力弱，在冬季温度不过低时就停止生长，叶片仍保持常绿，如鹤望兰、花烛、君子兰等。宿根花卉比一二年生草花有着更强的生命力，而且节水、抗旱、省工、易管理，合理搭配品种完全可以达到“三季有花”的要求，更能体现我们城市绿化发展与自然植物资源的合理配置。

球根花卉是指地下部分（如根、茎）变态肥大成根状、块状、球状等，以适应不良的环境条件。变态一般发生于地上部茎叶枯死之前，植株地下部的茎或根发生变态（膨大成球状或块状），形成贮藏器官，即以地下球根的形式度过其休眠期（寒冷的冬季或干旱炎热的夏季），等到环境条件适宜其生长时，再重新萌发生长并开花结实。例如我们常见的百合、大丽花、风信子、唐菖蒲、仙客来、郁金香、水仙等。

（3）木本植物

木本植物即是指茎干木质化的植物，最常见的即是有明显主干的乔木（如杨、槐、泡桐、香樟、雪松等），其次还有常见的虽无明显主干（丛生）但茎仍然明显木质化的灌木（如牡丹、桂花等）和藤本（紫藤、凌霄、葡萄、爬山虎等)，以及竹类和棕榈类。木本的植物又分为落叶和常绿两大类，落叶植物则在深秋之际树叶变黄脱落，直至来年春天重新长出新的树叶。而常绿的植物一年四季在树体上都着生着绿色的树叶，但其并不是不落叶，只是其叶片生长的年限较长（一年甚至更长），因此，看起来好像“常绿”一样。常绿的植物又分为针叶常绿植物和阔叶常绿植物，前者如常见的松树，后者如广泛分布于亚热带地区的香樟。

（4）其他

除了上述几大类之外，还包括植物种类繁多，且有独特的栽培要求而单独归为一类的各种花卉，如兰科花卉、多肉植物、岩生植物、草坪地被等。

兰科作为一个庞大的家族，其植物种类的多样性是其被人们关注的重点。兰科植物一般简单地分为中国兰和西洋兰两类，我们常说的蕙兰就属于中国兰，而蝴蝶兰、文心兰则属于西洋兰。兰花从古至今都因其“蕙质兰心”为人们所喜爱，不仅用于家庭盆栽欣赏，也常用于专类展览，供人们欣赏品鉴。

因生长习性的独特被单独分类的不仅只有兰科花卉，还包括像仙人掌这样的茎、叶特别粗大肥厚，多生长于沙漠这类干旱环境中的多肉、多浆类植物；对水分的需求与依赖较其他植物大的水生花卉，比如荷花、睡莲、凤眼莲（常说的水葫芦）这类生长于水中或沼泽地的植物；也有分布区域比较广泛、属于原始物种的蕨类植物，常见于栽培的有铁线蕨、肾蕨、凤尾蕨等；以及直接生长于岩石表面或覆于岩石表面的土壤上的岩生植物，这类植物的抗旱性较强，包括能风化岩石形成土壤的地衣、蓝藻等原始藻类和日本景天、仙女木等岩生植物。除此之外，还有现在在园林中被广泛用于大面积地面绿化覆盖的草坪及地被植物。

4.2.2 依观赏部位分类

观赏植物依照观赏部位分类主要是依据植物可观赏的花、叶、果、茎等器官进行分类，一般分为观花类、观果类、观叶类、观芽类、观茎类、赏根类和赏株形类这几类。

（1）观花类

观花类植物主要是指花色鲜艳、花期较长的观赏植物，也包括花形比较特殊、香味独特的植物（图 4－7）。春天开花的有水仙、迎春、春兰、杜鹃、牡丹、月季、君子兰等；夏、秋季开花的有米兰、白兰、扶桑、夹竹桃、昙花、珠兰、大丽花、荷花、菊花、一串红、桂花等；冬季开花的有一品红、蜡梅、银柳等。

图 4－7 绚丽的花色

植物除了缤纷的花色可以用于自身的繁衍外，还可以利用自身的香味取得同样的效果。花香通常包括如茉莉花、蜡梅花般的清香；桂花的甜香；如白兰花般的浓香；玉兰、丁香的淡香；兰花的幽香以及梅花的暗香。花期则是指植物开花的时间。植物开花时间的差异，可以使我们欣赏到不同时间、不同季节的植物花朵的美丽。春有桃花夏有荷，秋赏菊来冬品梅，这满园美景怎不使人心旷神怡呢！

（2）观果类

植物的果实不仅可以用于自身的繁衍，还可以作为一种独特的园林景观用以观赏（图 4－8）。果实的观赏价值表现在形状与色泽两个方面。果实形状的观赏价值体现在“奇、巨、丰”三点上，奇异有趣的形状可以勾起人的好奇心，从而引人注目。

例如铜钱树的果实形似铜币，象耳豆的荚果弯曲，两端浑圆而相接，犹如象耳一般，腊肠树的果实好比香肠、秤锤一样。所谓“巨”，是指单个的果实体形较大，如柚；或果实虽小却有较大的果穗，如接骨木等，均可收到“引人注目”

图4－8 观赏植物的果实（火棘）

之效。“丰”则是就全树而言，无论单果或果穗，均应有一定的丰盛数量，才能产生较高的观赏效果。

果实的颜色与花色一样可以提升植物的观赏价值，同时果实与花朵在时间上的差异性更提高了植物的观赏性，使植物在不同时间呈现出不同的特色。不同植物的果实在色彩上也有差异，呈现出了多样化。如樱桃、南天竹、火棘、石榴那样的在层层绿叶间点缀点点红果，远远看去倒不像是果实，更像是红花绿叶挂满树了；也有像银杏、梨、杏、金橘这般的黄色；也可以是葡萄、桂花、酸梅那样莹润的紫色；更有如女贞、小蜡、鼠李这样如墨的黑色；或是像红瑞木、白桑等那样拥有白色的果实。

观果植物的果实形状或果实色泽观赏价值较高，有的具有群体美，有的果形独特。在观果植物中，许多种类具有多种观赏价值，如园林上应用的绣球荚蒾、雪球荚蒾，其大型球状聚伞花序和秋季红色的核果均具有较高的观赏价值，是春季观花和秋季观果的优良树种。园林上常见的观果植物有珊瑚树、枸骨、冬青、火棘、枇杷、石楠、椤木石楠、木瓜、垂丝海棠、湖北海棠、拐枣、乌柏和楝等。观果植物的果实还是鸟类的重要食源。在公园绿地、环城绿化林带和城郊结合地带的树种配植中，增加观果树种的种类和数量，可为鸟类生物提供食物来源和生存场所，对维护生态平衡，提高城市生物多样性具有重要作用。

（3）观叶类

观叶植物是指以叶片为主要观赏特征的植物，包括观赏叶片的形状，叶片的色泽和质地等（图4－9、图4－10）。因为观叶植物一般具有较长的观赏期，所以非常适宜置于室内，因此它们一般都具有较强的耐阴性，可以在室内条件下较长时间陈设和观赏。根据性状的不同，又可分为木本观叶植物，如苏铁和橡皮树；藤本观叶植物，如绿萝和长春藤；草本观叶植物，如秋海棠和文竹。据不完全统计，全世界已被利用的观叶植物种类和品种已达1 400种以上，是当今世界室内绿化装饰的主要材料。以观叶为主的花卉一般叶形奇特，或带彩色条斑，富于变化，具有很高的观赏价值。根据叶色的深浅、随季节的变化等特点可以将其分为以下几种类型：

图4－9　芽园

绿色类：绝大多数观赏植物的叶片表现为基本颜色，即拥有绿色的叶子。依叶色的深浅又可分为深绿色和淡绿色，深绿色的如云杉、侧柏、女贞、桂花、榕

图 4-10 红色的幼叶

树、构树、橡皮树等；淡绿色的如水杉、落叶松、七叶树、玉兰等。

春色叶类和新叶有色类：一些植物春季新发出的嫩叶有显著不同的颜色，这种植物被称为春色叶植物，如臭椿、三角枫的春叶呈红色，黄连木、桂花的春叶呈紫红色等。也有许多常绿植物的新叶不限于在春季发生，但发出的新叶与常色不同，即可称为新叶有色类，如铁力木、四季桂的一些品种等。

秋色叶类：凡在秋季叶子颜色能显著变化的植物，均称为秋色叶植物，主要以木本植物为主。早在有关苑囿的记载中就有梧桐和槭树两种秋色叶树种，唐华清宫的园林区就有槭树、梧桐等多种植物栽植。张继《枫桥夜泊》“月落乌啼霜满天，江枫渔火对愁眠。姑苏城外寒山寺，夜半钟声到客船。”康有为诗“钟声已渡海云东，冷尽寒山古寺枫”。两者都描写了苏州寒山寺的枫树和钟声，使寒山古刹名扬四海。

秋色叶树种在中国古典园林中一般都呈自然式栽植，多孤植或丛植，群植较少，仅在规模较大的园林中才会出现，如避暑山庄中的青枫树林。在中国古典园林中，只有在很少的情况下在主要建筑前对称、列植秋色叶树种，呈规则式栽植。如无锡寄畅园的含贞斋前对称栽植了两株银杏。秋叶有呈红色或紫红色的鸡爪槭、三角枫、茶条槭、五叶地锦、黄连木、南天竹、花楸、乌桕、山楂等；也有呈黄色或褐黄色的银杏、白蜡、复叶槭、鹅掌楸、槐树、白桦、悬铃木等。

常色叶类：有些植物的叶色不受季节变化的影响常年均为异色，这种植物被称为常色叶植物。有全年叶片呈紫红色的紫叶小檗、紫叶李、紫叶桃、红枫等；也有叶片呈现金黄色的金叶鸡爪槭、金叶女贞、金叶雪松、金叶圆柏等。

双色叶类：植物的叶背与叶表呈现出不同颜色的植物，称为双色叶植物，如银白杨、新疆杨、胡颓子、紫背竹芋等。

斑色叶类：叶上具有其他颜色的斑点或花纹，如桃叶珊瑚、变叶木、金心黄杨、金边女贞、银边黄杨等。

（4）其他类

除了上述几大类之外，还有观芽类，如我们常见到的具有肥大花芽的银芽柳，在生产上常选择花芽较多的枝条，干燥并将其毛茸茸的花芽染成彩色，用于装饰品的制作；一些植物的茎、分枝或叶常发生变态，表现出婀娜多姿的形态，具有独特的观赏价值，这类植物被称为观茎类，如仙人掌类、竹节蓼、文竹、光棍树等；还有一些观赏植物的根也具有观赏价值，这些特殊的根常用于盆景、桩景及根雕的制作，如松树、榆树、朴树、梅花、榕树、银杏、山茶、蜡梅等的根。此外，有些植物在树木的整体株形上也有特点，具有观赏价值，比如，尖塔形的雪松、圆锥形的圆柏、圆柱形的杜松、伞形的龙爪槐、丛生形的翠柏、馒头形的馒头柳等。

4.3 新技术在观赏植物中的应用

4.3.1 观赏植物的发展现状

中国拥有在种质资源、气候资源、劳动力资源、市场、花文化等几个方面的优势，对于种植花卉的发展有很大的促进作用。在“十五”期间，中国花卉种植面积已达64万公顷，比“九五”期末的15万公顷增长326.7%。中国花卉生产面积已占到世界花卉生产总面积的三分之一。“十五”期末全国重点花卉产区初步形成，品种结构进一步优化。区域化产业形成了以云南、四川、江苏、浙江、海南为重点的南方热带、亚热带花卉产区；以广东、福建为重点的南方热带观叶植物产区；以浙江、四川、河南、河北为重点的观赏苗木产区；以北京、山东、河北为主的北方花卉产区；以辽宁为中心的东北花卉产区。伴随着诸多因素的推动作用，使得中国观赏植物事业逐渐得到了发展。

我国历史悠久，观赏植物文化源远流长，内涵十分丰富，人民群众有养花赏花爱花的优良传统。时代到了今天，观赏植物已经成为一个大产业。

我国花卉业经过20多年的恢复与发展，到2006年，花卉种植面积达72.21万公顷，花卉生产面积超过1万公顷的有10个省，其中鲜切花类的种植面积为4.16万公顷；销售额为556.23亿元，其中鲜切花的销售量达125.68亿枝，销售额达60.53亿元；出口额为6.09亿美元，其中鲜切花的出口额高达3.44亿美元，已成为世界花卉生产大国和出口大国。

我国的鲜切花生产主要集中在云南、珠江三角洲和长江三角洲地区，据不完全统计，我国鲜切花生产主要产区按销售量排名，前几位依次为云南、广东、福建、江苏。前四强种植面积、销售量、销售额和出口额分别占全国的69%、38%、40%和98%。

在园林建设中，观赏植物除提供色彩美之外，还突出体现形态美。植物的形态美除了部分来源于植物自然株型的自然美，更多的来自于融入了巧妙人工构思的各种规则的或不规则的精美造型。比如说彩叶造型植物，它不仅丰富了园林景观的色彩，还体现了强烈的形式美感和视觉冲击，可以让人们很直观地感受到园林的色彩与形态的双重美感。彩叶造型植物有力地推进着园林绿化向“多层次彩化”的发展，促进了彩叶造型植物的产生与发展，并具有广阔的市场前景。

目前，在观赏植物的繁殖中多采用传统的有性和无性（分株、扦插等）繁殖，弊端很多。因为，观赏植物大部分都为高度杂合体，有性繁殖产生的后代容易发生性状分离，不能保持原有品种的优良性状，并且生产周期长。而用常规的无性繁殖方法，虽能保持原有品种的优良性状，但繁殖系数低，繁殖速度慢，并且在生产实践中常发生品种退化现象，使品种失去了原有的水平和典型性，降低了品种的生产价值。近年来，伴随着植物组织培养技术的发展，植物的繁殖技术问题得到了解决。组织培养技术作为一种特殊的营养繁殖方式，它是在无菌条件下，利用植物体的一部分，包括细胞、组织和器官，在人工控制的营养和环境条件下繁殖植物的方法。近些年来，组织培养技术发展比较成熟，其操作设备也相对简单，技术要求也不十分高，最重要的是其经济效益可观，是发展中国家发展农林生产的一项重要技术手段，同时，也已取得了一些成效。

在观赏植物引种、驯化方面，随着园林科研机构的相继建立和日趋完善。生物工程在观赏园艺上取得新进展。

在园林绿化工程施工方面，大树移植工程已形成一整套经验，并得到广泛的应用。绿化施工机具、施工技术规程及规范等方面的研究工作，均取得了一定的成绩。

4.3.2 发展趋势

我国观赏植物组织培养工作虽然处于世界同类研究的先进水平，但我们未将其深化及系统化，许多植物微繁体系建立之后并没有运用到种苗生产中去，而是仍停留在试管内，造成了不必要的人力物力浪费。在花药培养、胚胎抢救、种质离体保存、原生质体培养、基因工程等方面我们与国际水平还有相当差距，因此，需要根据我们的具体情况进行有针对性的赶超，以期在实用技术上有所突破。

另一方面，我国花卉业虽然经过多年的发展已初步走上了稳步健康的发展道路，但随着花卉业的不断发展，涉及花卉生产、运输及贮存等环节的有关问题将会给生物技术的发展不断提出新课题，为生物技术的应用开辟广阔的用武之地。针对我国目前的具体情况及国民经济的发展水平，尤其是我国花卉业的发展状况，我国观赏植物生物技术的发展在近期内仍然应以经济实用技术为主要发展对象，其中包括对现有重要观赏植物试管扩繁体系的优化，使其更加经济、高效地运转，从而产生更大的效益。此外，应开发经济实用的分子标记技术，如优良品种的 DNA 指纹技术，杂种优势的早期鉴定技术及木本植物重要观赏性状的连锁标记等，从而为加快育种步伐，保证育种质量，保护育种者权益做出应有的贡献。

尽管目前我国花卉生物技术的发展，尤其是高新技术的发展面临着经费不足、设备相对落后的困难，但只要有技术上的储备和人才的储备，加之将来科研条件及投入的改善，我国花卉的生物技术将会在不断吸收国外同行及国内其他学科领域先进技术的基础上与世界保持同步发展。

总而言之，随着国民经济的迅速发展，人民生活水平的逐步提高，城市建设将会同步协调发展，园林绿化建设的速度也一定会加快，走生态园林的道路，建设大园林，必将成为当代城市园林绿化建设的发展方向。展望未来，我国观赏植物栽培和观赏植物产业化经营必将得到迅猛的发展，并尽快赶上发达国家的水平，把我国主要城市建设成为和谐、优美、生态健全的文明城市的宏伟目标，将会变成现实。

观赏植物的作用是多方面的，而且与人们的生活息息相关。它不仅能美化环境、改善小气候，而且还能促进人类身心健康，因此，在现代城市和乡村的园林绿化建设中日益受到人们的重视，并已发展成当今最具活力的商品。随着经济的飞速发展和人民生活水平的不断提高，观赏植物得到了充分的发展，同时也对我们提出了新的要求，而如何才能让观赏植物的附加效益得到充分发挥，是所有园林工作者共同努力的方向。

5　悠悠茶文化

当我们坐下来，去品尝一杯茶的时候，我们会想到什么呢？或许你会提出这样的问题，我们的前辈是怎么知道这种植物可以作为饮料的呢？也就是说，我们祖先最先是以何种方式把茶这片树叶引入我们的生活当中的呢？人类从刀耕火种，从打猎到圈地养羊，也就是说，茶树从野生到划出一块地精心栽培，这种种植方式的改变随着时间的向前推移，对茶树的生长形态以及茶叶的产量和质量产生了一个怎样的影响呢？今天我们通过科学手段，来认识如何健康饮茶，以及健康饮茶的物质基础是什么。当然大家都知道饮茶有益健康，实际更多的蕴含着人类文明积淀，那世界各民族的饮茶习俗又是怎样的呢？在生活中，我们接触的所谓名茶，这些名茶又有怎样的历史传奇？人类又有多少美好的情感倾注在小小的茶叶之上？让我们随着一杯佳茗的幽香解疑释惑吧！

我国是茶树发源地，也是发现和利用茶叶最早的国家，其历史悠久，茶文化源远流长（图5－1）。中国饮茶之久、茶区之广、茶艺之精、名茶之多、品质之好，堪称世界之最。中国茶文化有4 000多年的历史，内容广泛，它包括自然科学、人文科学，既有物质的又有精神的。“清茶一杯”“客来敬茗”，既有物质上的享受，又“精行俭德”，陶冶情操，代表了高雅朴实的民族风尚。

图5－1　悠悠茶香

茶文化是华夏优秀文化的一个重要组成部分。中国人对茶的熟悉，上至帝王将相，文人墨客，诸子百家，下至挑夫贩夫，平民百姓，无不以茶为好。人们常说："开门七件事，柴米油盐酱醋茶"，可见茶已深入百姓各阶层。下面让我们随着一杯佳茗的清香悠悠飘溢，追溯一下茶文化的渊源。

5.1 世代茶香

5.1.1 茶的起源

茶树，这一古老的经济作物，在中国古代文献中被称为"南方之嘉木也"(唐·陆羽《茶经》)。说茶树是南方的珍贵树木，不仅指明了茶树的原产地与特性，而且更包含着对茶树的称颂与赞美。宋文学家苏轼的《叶嘉传》用"风味恬淡，清白可爱，颇负其名，有济世之才""容貌如铁，资质刚劲"，赞颂"叶嘉"（茶）；用"始吾见嘉，未共好也，久味之，殊令人爱"歌颂茶的美和善。在中国人的心目中，品茶既是物质生活的享受，又是文化艺术的鉴赏。它既能促进人的健康，亦能陶冶人的道德情操（图5－2）。

图5－2　云南景迈古茶树

茶树的起源，一般认为可以根据植物分类学的方法，先找到茶树亲缘，继而追根溯源，找到它的祖先。茶树所属的山茶属是一个比较原始的种群，它产生在中生代末期至新生代早期。而茶树在山茶属中又是一个比较原始的种，按此推算，茶树起源至少已有6 000万～7 000万年的历史了。而中国的西南地区，主要是云南、贵州和四川，最早发现是世界野生茶树和现存野生大茶树最多、最集中的地方，至今仍保存着不少古代大茶树，还有成片、成林的古茶树林主要集中在云南。如位于云南镇沅县原始森林中的干家寨野生型古茶树林，其中最大的一株古茶树的树龄在千年以上，树高达25.6米，基部干径1.2米以上；云南澜沧县原始森林邦威过渡型古茶树林中，最大的一株古茶树高达 11. 8 米，基部干径 1. 14 米；云南勐海原始森林南糯山栽培型古茶树林中，最大的一株古茶树高达 8. 8 米，基部干径 1. 04 米。此外，还有云南勐海的巴达古茶树，树高 23. 6 米，基部干径 1 米；位于云南凤庆的本山大茶树，树高 15 米，树木干径 1. 15 米；位于云南龙陵的镇安老茶，树高 13. 2 米，基部干径 1. 23 米等，这些都是有代表性的古茶树。中国西南地区的茶树，不论从茶树的外形，还是从茶叶中的化学成分，都表明这里的茶树具有最原始的特征。

考古材料亦印证，中国的西南地区是茶树的原产地。如 1975 年，云南省博物馆提供了云南宾川羊树村原始社会遗址出土的一块果实印痕标本，经专家鉴定，系茶树果实。相传在西周早期，四川的一些少数民族把巴蜀所产茶，带到中原作礼物，并且谈到巴蜀“园有芳蒻香茗”。《神农食经》有“茶茗生益州。三月三采”的说法。公元前 1 世纪的西汉时期也有“武阳（今日川彭山）买茶”之说，又有汉昭帝（公元前 86—公元前 74）以茶为药的记载。说明在西南地区饮茶已相当普遍，它是世界上最早发现和利用茶树的地方。其后向中原、江淮、江南发展。三国时（220—280），华佗的饮茶能“益思”，葛玄上天台山建“茗圃”，吴国宫廷开“茶宴”之风。

同任何物种的起源一样，茶树的存在必然早在人类发现和利用之前；而茶树的传播及应用应有文字记载则远在茶树发现之后。在中国乃至世界的茶叶发展史上，提到茶的发展，每每要提到“神农尝百草”的传说，据《神农本草经》记载：“神农尝百草，日遇七十二毒，得荼（茶）而解之。”这个故事在我国流传很广，影响颇深，此书为中药学书，是秦汉时托名“神农”所作。可惜这部药物书原书已佚，只是世代相传罢了。此外，在《史记》《淮南子》等书中亦有类似记载。

中国第一部茶叶专著——陆羽《茶经》，系统地总结了唐及唐以前的茶事，该书写道：茶之为饮，发乎神农氏，闻于鲁周公，齐有晏婴，汉有扬雄、司马相如，吴有韦曜，晋有刘琨、张载、远祖纳、谢安、左思之徒，皆饮焉。说明饮茶自神农开始，渐成风俗，至唐代时，已经非常盛行了。

5.1.2 饮茶方式演变

春秋以前，茶叶是作为药用而受到关注。古代人类直接含嚼茶树鲜叶吸取茶汁而感到芬芳、清口并富有收敛性快感，久而久之，茶的含嚼成为人们的一种嗜好。该阶段，可说是茶之为饮的前奏。

随着人类生活的进步，生嚼茶叶的习惯转变为煎服。即鲜叶洗净后，置陶罐中加水煮熟，连汤带叶服用。煎煮而成的茶，虽苦涩，然滋味浓郁，风味与功效均胜几筹，日久，养成煮煎品饮的习惯，这是茶作为饮料的开端。

秦汉时期，茶叶的简单加工已经开始出现。用木棒将鲜叶捣成饼状茶团，再晒干或烘干以存放，饮用时，先将茶团捣碎放入壶中，注入开水并加上葱姜和橘子调味。此时茶叶不仅是日常生活的解毒药品，且成为待客食品。另外，由于秦统一了巴蜀（我国较早传播饮茶的地区），促进了饮茶知识与风俗向东延伸。西汉时，茶已是宫廷及官宦人家的一种高雅消遣，王褒《童约》已有“武阳买茶”的记载。三国时期，崇茶之风进一步发展，开始注意到茶的烹煮方法，此时出现“以茶当酒”的习俗（见《三国志·吴志》），说明华中地区当时饮茶已比较普遍。到了两晋、南北朝，茶叶从原来珍贵的奢侈品逐渐成为普通饮料。

隋唐时，茶叶多加工成饼茶。饮用时，加调味品烹煮汤饮。随着茶事的兴旺，贡茶的出现加速了茶叶栽培和加工技术的发展，涌现了许多名茶，品饮之法也有较大的改进。尤其到了唐代，饮茶蔚然成风，饮茶方式有较大进步。此时，为改善茶叶苦涩味，开始加入薄荷、盐、红枣调味。此外，已使用专门烹茶器具，论茶之专著已出现。陆羽《茶经》三篇，备言茶事，更对茶之饮之煮有详细的论述。此时，对茶和水的选择、烹煮方式以及饮茶环境和茶的质量也越来越讲究，逐渐形成了茶道。由唐前之“吃茗粥”到唐时人视茶为“越众而独高”，是我国茶文化的一大飞跃。

“茶兴于唐而盛于宋”，在宋代，制茶方法出现改变，给饮茶方式带来深远的影响。宋初茶叶多制成团茶、饼茶，饮用时碾碎，加调味品烹煮（也有不加的）。随茶品的日益丰富与品茶的日益考究，逐渐重视茶叶原有的色香味，调味品逐渐减少。同时，出现了用蒸青法制成的散茶，且不断增多，茶类生产由团饼为主趋向以散茶为主。此时烹饮程序逐渐简化，传统的烹饮习惯，正是由宋开始而至明清，出现了巨大变更。

明代后，由于制茶工艺的革新，团茶、饼茶已较多改为散茶，烹茶方法由原来的煎煮为主逐渐向冲泡为主发展。明清之后，随茶类的不断增加，饮茶方式出现两大特点：一是品茶方法日臻完善而讲究。茶壶茶杯要用开水先洗涤，干布擦干，茶渣先倒掉，再斟。器皿“以紫砂为上，盖不夺香，又无熟汤气”。二是出现了六大茶类，品饮方式也随茶类不同而有很大变化。同时，各地区由于不同风俗，开始选用不同茶类。如两广喜好红茶，福建多饮乌龙，江浙则好绿茶，北方人喜花茶或绿茶，边疆少数民族多用黑茶、茶砖。

纵观饮茶习俗的演变，尽管千姿百态，但是若以茶与佐料、饮茶环境等为基点，则当今茶之饮主要可区分为三种类型：

一是讲究清雅怡和的饮茶习俗。茶叶冲以煮沸的水（或沸水稍凉后），顺乎自然，清饮雅尝，寻求茶之原味，重在意境，与我国古老的“清净”传统思想相吻合，这是茶的清饮之特点。我国江南的绿茶、北方花茶、西南普洱茶、闽粤一带的乌龙茶以及日本的蒸青茶均属此列。

二是讲求兼有佐料风味的饮茶习俗。其特点是烹茶时添加各种佐料。如我国边陲的酥油茶、盐巴茶、奶茶，侗族的打油茶，土家族的擂茶，又如欧美的牛乳红茶、柠檬红茶、多味茶、香料茶等，均兼有佐料的特殊风味。

三是讲求多种享受的饮茶习俗。即指饮茶者除品茶外，还备以糕点，伴以歌舞、音乐、书画、戏曲等。如北京的“老舍茶馆”。

其外，由于生活节奏的加快，出现了茶的现代变体：速溶茶、冰茶、液体茶以及各类袋泡茶，充分体现了现代文化务实之精髓。虽不能称为品，却不能否认这是茶的发展趋势之一。

5.1.3 茶树栽培技术的发展

我国茶树栽培的历史，差不多是和饮茶同时开始的，关于茶树栽培的论述，一直到唐以后才有一些零星的记载。因此要讨论我国古代茶树的栽培技术，只能由唐开始。

农业技术的发展，始于对作物性状的认识。我国古代对茶树生物学特性的认识，主要是指对茶树与外界环境关系的了解。唐代《茶经》："其地，上者生烂石，中者生砾壤，下者生黄土"，"阳崖阴林，紫者上，绿者次……阴山坡谷者，不堪采掇"；又《四时纂要》："此物畏日，可种于桑下竹阴之地"，宜种坡地，若平地"须于两畔开沟垄泄水"。这些记载说明，早在唐时，人们就已认识到茶树是一种喜温湿、惧冷旱、不喜阳光直射的耐阴作物，适生于土质疏松的壤土，茶地要求排水良好，地下水位不能过高，更不可积水。说明我国对茶树生物学特性的认识，早在宋代就达到了宏观世界可能达到的认识深度。

唐时我国茶树繁殖，是采取丛直播的办法，如《茶经》所说："凡艺而不实，植而罕茂，法如种瓜"。具体做法是成熟茶籽采收后，和湿沙拌匀，置筐篮中草盖贮藏越冬，至翌年二月春播，播时间距二尺开深一尺、径三尺圆坎，坎底土壤锄松，施粪肥拌匀，每坎播籽60~70颗，覆土厚约一寸。宋时茶籽直播的方法继续沿用，又因茶用于婚礼的关系，时人皆以茶不能移栽。

明朝后期，茶籽采收后，已知先用水选，每穴播种量也大大减少，且于出苗后第二年分植，打破了明代《七修汇稿》中"种茶下籽，不可移植，移植则不生也"的说法，但不论直播或丛播育苗移栽，都是有性繁殖，在古代的技术条件下，很难保持茶树的优良种性，因此，在茶树良种资源较多的福建省，最先产生和应用了茶树压条繁殖技术，但确实的发生年代，已很难稽考，其最初记载见于《建瓯县志》（1939年）。而扦插、压条等有性繁殖技术早在康熙年间《花镜》一书中就已有记载（虽然并未指明是应用于茶树）。

据《四时纂要》记载，我国现时茶园管理中的中耕、除草、施肥与间作套作等农活，在唐时就已具备，宋时茶园管理中增加了深耕技术，当时叫"开畲"，具体措施见《建安府志》："茶园恶草，每遇夏日最烈时，用众锄治，杀去草根，以粪茶根……若私家开畲，即夏半初秋各用功一次"，我国现代山区茶园推行的伏耕，就是"开畲"技术的延续。另外，唐代茶园只在茶树幼龄期种"雄麻黍稷"遮阴，宋代《北苑别录》则进一步提到桐茶可以间作。明·罗廪《茶解》首先提到了茶园的土地平整，对茶园耕作和施肥，要求也更精细："茶根土实，草木杂生则不茂，春时薙草，秋夏间锄掘三四遍，则次年抽茶更盛，茶地觉力薄，当培以焦土。"当时所称焦土，现在有的地方叫泥焦灰，是山地茶园一种就地取材的肥源。氮、钾养分含量高，施用方法是："每茶根傍掘一小坑，培以升许，须记方所，以便次年培壅，晴昼锄过，可用米泔浇之"。另外，《茶解》中还指出，茶园除间植桐树外，还可间作桂、梅、玉兰、松、竹和兰花、菊草等"清芬之品"，开始注意茶园生态并且最早提出上有荫、下有蔽的多层立体种植的构想。

从这些记载看来，我国古代的茶园管理，明时就达到了相当精细的程度，清时只是在除草、施肥的某些方法和间作内容上有所充实，如《时务通考》关于除地以后，"用干草密遮其地，使不生草莱"；《抚郡农产考略》提到除草以后，要结合"沃肥一次"；《广东新语》中"今山中人率种茶，间以苦簦"和《粤东闻见录》中"西樵多种茶，茶畦有蝇树（疑为楹树）"的间作记录等。

关于茶树台刈的最早记载，见于《匡庐游录》（1660 年）："五六年后，梗老无芽，则须伐去，俟其再蘖"，另《物理小识》（1664 年）中有"树老则烧之，其根自发"记述，其茶树更新技术较《匡庐游录》更原始，可能最初的台刈，即是由此颖脱而来。《物理小识》和《匡庐游录》均著于清初，台刈技术的出现，当在明时。

关于茶树修剪，《时务通考》（1897 年）载："种茶理树之法，其茶树生长有五六年，每树既高尺余，清明后则必镰刈其半枝，须用草遮其余枝，每日用水淋之，四十日后，方除去其草，此时全树必俱发嫩叶，不唯所采之茶甚多，所造之茶尤好"，这种"刈其半枝"的剪枝法，现在已很少采用，但据此可知，茶树修剪，是先有重修剪，在其基础上，才又派生出其他形式的修剪。

关于茶叶采摘，在宋之前，茶只采春、夏。到了宋代，如苏辙《论蜀茶五害状》所述："园户例收晚茶，谓之秋老黄茶。"可知在巴蜀地区，时人已知采摘秋茶，明朝中期时，秋茶采摘已较为普遍，此后古籍中关于采茶方法的记述很多。其采摘标准视芽叶伸育程度和制茶方法而定，多以细嫩者为上。

5.2 世界茶文化

中国茶文化是各国茶文化的摇篮，各国茶道均源于中国。古老的中国传统茶文化同各国的历史、文化、经济及人文相结合，演变成日本茶文化、韩国茶文化、荷兰茶文化、英国茶文化、法国茶文化等。

5.2.1 国外茶文化

日本茶文化：茶叶自古以来就是缔结中日两国人民友谊的纽带。唐时，日本僧人最澄来我国浙江天台山国清寺研究佛学，回国时带回茶籽种植于日本贺滋县（即现在的池上茶园），并由此传播到日本的中部和南部。南宋时，日本荣西禅师两次来到中国，到过天台、四明、天童等地，宋孝宗赠他"千光法师"称号。荣西禅师不仅对佛学造诣颇深，对中国茶叶也很有研究，并写有《吃茶养生记》一书，被日本人民尊为茶祖。南宋开庆年间，日本佛教高僧禅师来到浙江径山寺攻研佛学，回国时带去了径山寺的"茶道具""茶台子"，并将径山寺的"茶宴"和"抹茶"制法传播到日本，启发和促进了日本茶道的兴起。日本茶道具有浓郁的日本民族风情，并形成独特的茶道体系、流派和礼仪。

韩国茶文化：韩国人认为茶文化是韩国民族文化的根，每年5月24日为全国茶日。韩国自新罗善德女王时代（632—646）即自中国（唐代）传入喝茶习俗，至新罗时期兴德王三年（828年），遣唐使金大廉自中国带回茶种子，朝廷下诏种植于地理山，促成韩国本土茶叶发展及促进饮茶之风。高丽时期（936—1392），是韩国饮茶的全盛时期，贵族及僧侣的生活中，茶已不可或缺，民间饮茶风气亦相当普遍。进入新世纪，韩国茶文化兴旺，广大民众参与茶道热情高涨，全国性的茶道民间社团组织多，一些大学设茶文化课，每年在各地举办茶文化活动。据资料显示，韩国茶文化社团组织有韩国茶人联合会、韩国国际茶叶研究会、韩国茶生产联合会、陆羽茶经研究会、茶道协会和中国茶文化研究会等。

荷兰茶文化：荷兰在16世纪已是一个海上强国，被誉为"海上马车夫"。当时的荷兰造船业居世界首位，所拥有的船吨数占欧洲总数的3/4。1595年，荷兰的远航商船绕过好望角到达印度，次年到达爪哇，并在那里建立东方产品转运中心。1601年，荷兰商船首次来到中国，中国的茶叶、瓷器物品由荷兰商船转运到西欧诸国，从而引发了中国茶叶风靡整个欧洲之势。

在荷兰，茶叶最初仅在上流社会风行，价格昂贵，只在药房销售。直到1675

年，普通的食品店才开始销售茶叶，茶叶得以在老百姓中普及。当时的有钱人在自己家中专设茶室，一些妇女则创办了饮茶俱乐部或以啤酒屋作为举办茶会的场所。妇女们热衷饮茶聚会，荷兰人最初从中国传入的都是绿茶，到18世纪中叶红茶走进了荷兰并席卷了荷兰市场。从此，荷兰人普遍饮用红茶。与茶同时传入荷兰的还有中国的精致茶杯、茶壶等茶具。一般来说，荷兰人午后才开始饮茶。如果客人在午后2时到访，就会受到主人用茶接待的礼遇。荷兰人饮茶通常会加糖，用以消苦除涩，后来又时兴加奶油。饮茶时必须发出咂咂的响声，以示对茶的赞赏。谈话的内容也仅限于茶饮以及茶点。午后茶是荷兰人的习惯，一直沿袭至今。

英国茶文化：茶是什么时候传到欧洲的？现代学者普遍认为是在1 600年左右。

1662年葡萄牙公主凯瑟琳嫁给英皇查理二世时带去的正是中国红茶，这位英国皇后每天早晨起床后第一件事，就是要先泡一杯红茶，因此红茶成为珍品。红茶中，又以安徽祁门所产的祁门红茶为珍品中的顶极之品。随后，安妮女王提倡以茶代酒，将茶引入上流社会，红茶作为当时的奢侈品，在成为“下午茶”主角的同时，也逐渐演化出一种“下午茶”文化形态。茶叶传入欧洲后，英国人养成了饮下午茶的习惯，法式下午茶是从下午两点半到五点半，英式下午茶则是在下午四点左右。

今天，英国已成为世界上茶叶销售量最大的国家之一，平均一年一人约需2千克茶叶，英国人均饮茶量是中国和印度的3倍，年均饮茶2千克。一些英国人早上未起床就要喝一杯浓茶，有人把它称作“被窝茶”。而一般人都要喝午茶（也叫“正餐茶”），多在下午四五点钟，内容也不光是茶，还有面包、黄油、火腿、鱼、香肠、三明治、蔬菜等，相当于一顿饭。英国人爱喝红茶，尤其爱喝中国祁门红茶。过去他们喝茶时要加牛奶或放一些柠檬汁，还要加糖。但随着减肥热的兴起，英国人逐渐爱上了不加糖的奶茶或带各种水果汁的饮料茶。

法国茶文化：法国人也是很爱喝茶的。法国位于欧洲西部，西靠大西洋。自茶作为饮料传到欧洲后，就立即引起法国人民的重视。法国人最爱饮的是红茶、绿茶、花茶和沱茶。在法国17世纪中期的《传教士旅行记》中，有“中国人之健康与长寿，当归功于茶，此乃东方常用之饮品”的记述。以后，几经宣传和实践，激发了法国人民对“可爱的中国茶”的向往与追求，使法国饮茶从皇室贵族和有闲阶层，逐渐普及到民间，成为人们日常生活和社交不可或缺的内容。法国人饮红茶时，习惯于采用冲泡或烹煮法，类似于英国人饮红茶习俗，通常取一小撮红茶或一小包袋泡红茶放入杯内，冲上沸水，再配以糖或牛奶和糖。有的地方，也在茶中拌以新鲜鸡蛋，再加糖冲饮的；还有流行在饮用瓶装茶水时加柠檬汁或橘子汁的；有的还在茶水中掺入杜松子酒或威士忌酒，做成清凉的鸡尾酒饮用。法国人饮绿茶，要求绿茶必须是高品质的。饮绿茶的方式，与西非其他国家饮绿茶的方式一样，一般要在茶汤中加入方糖和新鲜薄荷叶，做成甜蜜透香的清凉饮料饮用。

18 世纪，饮茶之风已经吹遍整个欧洲。欧洲殖民者又将饮茶习俗传入美洲的美国、加拿大以及大洋洲的澳大利亚等英、法殖民地，从此，中国茶叶的足迹便踏遍了地球每一个角落，伴随着人类每一个清晨、每一个黄昏，成为生活中不可缺少的一员。

5.2.2 中国民族茶俗

中国是世界茶叶的故乡，种茶、制茶、饮茶有着悠久的历史。中国又是一个幅员辽阔、民族众多的国家，生活在这个大家庭中的各族人民有着各种不同的饮茶习俗。

蒙古奶茶　蒙古族主要居住在内蒙古自治区及其毗邻的一些省、区，蒙古族牧民以食牛、羊肉及奶制品为主，粮、菜为辅。砖茶是牧民不可缺少的饮品，喝的是由砖茶煮成的咸奶茶，这是蒙古族人们的传统饮茶习俗。在牧区，他们习惯于“一日三餐茶，一顿饭”。所以，喝咸奶茶，除了解渴外，也是补充人体营养的一种主要方法，每日清晨，主妇的第一件事就是先煮一锅咸奶茶，供全家整天享用。蒙古族人喜欢喝热茶，早上，他们一边喝茶，一边吃炒米，将剩余的茶放在微火上暖着，以便随时取饮。通常一家人只在晚上放牧回家才正式用餐一次，但早、中、晚三次喝咸奶茶，一般是不可缺少的。

蒙古族喝的咸奶茶，用的多为青砖茶或黑砖茶，煮茶的器具是铁锅。煮咸奶茶时，应先把砖茶打碎，将洗净的铁锅置于火上，盛水 2 ~ 3 千克，烧水至刚沸腾时，加入打碎的砖茶 50 ~ 80 克。当水再次沸腾 5 分钟后，掺入牛奶，用奶量为茶的 1/5 左右，稍加搅动，再加入适量盐巴。等到整锅咸奶茶开始沸腾时，才算把咸奶茶煮好了，即可盛在碗中待饮。

藏族酥油茶　藏族同胞喜爱喝酥油茶，且已成为生活必需品，这里流传着“宁可三日无粮，不可一日无茶”之说，酥油茶的做法是：先用大土陶罐或锅将泉水煮开，再把饼茶放在小土罐内烤至焦黄后，将茶叶倒在大土陶罐或锅里开水中煮片刻，用竹筛滤出茶渣，茶汁倒入酥油筒内（特制木筒或竹筒），加入酥油和炒熟舂碎的核桃仁、花生及盐、鸡蛋等，使劲用一根特制木棒上下抽打，把酥油与茶汁和配料混合成浆状，倒入碗中，边吃麦面粑、包谷粑或糟粑边饮用，也可单独饮用。藏族同胞主食青稞，炒熟后磨成的粉称为糌粑，和酥油茶进食，香郁可口，又助消化。

拉祜族的烧茶、烤茶和糟茶　拉祜族习惯烧茶，将一芽五六叶的新梢采下后直接在明火上烘烤至焦黄，再放入茶罐中煮饮。烤茶，拉祜语叫“腊扎夺”，是一种古老而普遍的饮茶方法。先将小土陶罐放在火塘上烤热后，放入茶叶进行抖烤，待茶色焦黄时，即冲入开水煮。如茶汁过浓，可加入开水使之浓淡适宜。这种茶水香气足，味道浓烈，饮后精神倍增。糟茶也是拉祜族一种非常古朴而又非常简便的饮茶方式。将鲜嫩茶叶采下后，加些水在锅中煮半熟后，将茶叶取出置于竹筒内存放，饮用时，取出少许放在开水中煮片刻即饮用。这种茶水略有苦涩酸味，有解渴开胃的功能。

布朗族的酸茶　布朗族是云南最早种茶的民族之一。他们保留食酸茶的习惯。一般在五六月份，将采回的鲜叶煮熟，放在阴暗处十余日让它发霉，然后放入竹筒内再埋入土中，经月余即可取出食用。酸茶是放在口中嚼细咽下，它可以帮助消化和解渴，这是供自食或互相馈赠的礼物。

基诺族的凉拌茶　基诺族喜爱吃凉拌茶，其实是中国古代食茶法的延续，所以，这是一种较为原始的食茶法，基诺族称它为“拉拔批皮”。凉拌茶以现采的茶树鲜嫩新梢为主料，再配以黄果叶、辣椒、大蒜、食盐等制成，具体可依各人的爱好而定。制作时，可先将刚采来的鲜嫩茶树新梢，用手稍加搓揉，把嫩梢揉碎，然后放在清洁的碗内。再将新鲜的黄果叶揉碎，辣椒、大蒜切细，连同适量食盐投入盛有茶树嫩梢的碗中。最后，加上少许泉水，用筷子搅匀，静止一刻钟左右，即可食用。所以，说凉拌茶是一种饮料，还不如说它是一道菜更确切，而且它主要是在基诺族人吃米饭时当菜吃的。

爱伲人土锅茶　土锅茶是一种古老而方便的饮茶方法。先用大土锅将山泉水烧开后，放进南糯山上特制的“南糯白毫”，煮5~6分钟，将茶水舀入竹制的茶盅内饮用。这种茶水清香可口，回味无穷。

傈僳族油盐茶　傈僳族喝的油盐茶，制作方法奇特，首先将小陶罐在火塘（坑）上烘热，然后在罐内放入适量茶叶，在火塘上不断翻，使茶叶烘烤均匀。待茶叶变黄，并发出焦糖香时，再加上少量食油和盐。稍后，再加水适量，煮沸3分钟左右，就可将罐中茶汤倾入碗中待喝。油盐茶因在茶汤烧煮过程中，加入了食油和盐，所以，喝起来“香喷喷，油滋滋，咸兮兮，既有茶的浓醇，又有糖的回味！”傈僳族同胞常用它来招待客人，也是家人团聚喝茶的一种生活方式。

纳西族的“龙虎斗”纳西族是一个喜爱饮茶的民族。龙虎斗，纳西语“阿吉勘烤”，是一种富有神奇色彩的饮茶方式。首先将茶放在小土陶罐中烘烤，待到焦黄后注入开水煎煮，像熬中药一样，将茶汁熬得浓浓的，加在茶杯内盛上小半杯白酒，然后将熬煮好的茶汁冲进盛酒的茶杯内，顿时，杯内发出悦耳的响声。纳西族把这种响声看作吉祥的象征，响声越大，在场的人越高兴，响声过后茶香四溢，有些还要在茶水里加上一个辣椒，这是纳西族人用来治感冒的良方，喝一杯“龙虎斗”后，周身出汗，睡一觉后就感到头不昏，浑身有力，感冒也治好了。

佤族的烧茶和擂茶　独具一格的烧茶，佤族语“杠腊”，是一种与烤茶相似而又独具一格的饮茶方法。首先用壶将泉水煮沸，另用一块薄铁板盛上茶叶放在火塘上烧烤，致茶色焦黄闻到茶香味后，将茶倒入开水壶内煮。这种茶水苦中有甜，焦中有香，这种饮茶方法流传已久，现在佤族中仍保留这种饮茶习惯。擂茶是佤族的一种古老的饮茶方法。人们将木擂钵擂好的茶叶加入姜、桂、盐，放在土陶罐内烘煮后饮用，有清热解毒、通经理肺的功效，至今，佤族人仍保留这种饮茶方式。

常言道：“一花一世界，一佛一如来”，茶趣即品茶的趣味。而品茶之趣在于过程，品茶之际，也是各显神通的时候，或弈棋，或讲书，或打围鼓，或吟诗作对，或谈古论今，言南道北，洋洋洒洒，蔚为大观，正如胡德棒之联曰："品茗悟道闲中趣，谈古论今座上宾"。还有人把"茶"字拆开来，编成顺口溜说："头戴草帽人十八，演唱说笑一杯茶，八十老人草神仙，茶到肚里愁全化。"真有"酣饮在茶馆，笑语满人间"的无穷乐趣；茶就是"人在草木间"。草木如诗，美人如织，在中国人的观念里，天人合一就是自然之道。茶来自草木，因人而获得独特价值。确切地说，茶是因为陆羽而摆脱自然束缚获得解放，一举成为华夏的饮食和精神缩影。

5.3 健康饮茶

现代科学研究表明，茶叶中现已分离鉴定的有几百种化学成分，其中比较重要的有茶多酚、咖啡因、茶氨酸、维生素、叶绿素、挥发油、蛋白质、糖类等。茶的色泽、香气和滋味则是茶叶中所存在的化学成分综合配比的结果。由于制作工序的不同，茶叶中各种化学成分的配比也不相同，因而形成不同类型的茶叶，茶叶可分为绿茶、黄茶、黑茶、青茶、白茶和红茶六大类。

5.3.1 茶的有效成分及药理功效

茶叶中的茶多酚能降血脂，降血压，抗血栓，改善血流变，防治心脑血管疾病；提高身体免疫力，抗病毒，延缓衰老；调节肠道菌群，通便排毒，防治慢性结肠炎；减肥轻身，美容祛斑；抗肿瘤，能显著提升放化疗病人的白细胞和血小板数量；治疗慢性肾炎，防止发生尿毒症；有效防护身体免受计算机、手机辐射的危害。绿茶中茶多酚含量最高，占茶叶干重的16% ~25%。

茶叶中的咖啡因、茶碱、可可碱属于嘌呤类化合物，它们都是黄嘌呤的甲基衍生物，有使神经中枢兴奋的作用，因此喝茶可以提神。这三者还可以提高肾小球的利尿作用，消除支气管痉挛，因此可以利尿平喘，同时还可以增强心脏的功能，促进胃液分泌，帮助消化，起到消食除腻的作用。茶叶中的茶多糖具有防辐射、抗凝血及抗血栓、降血糖、增强机体免疫功能等作用，还可以改善造血功能，保护血相，降血压及减慢心率，耐缺氧，增强冠状动脉流量。茶叶中的维生素种类也很多，喝茶对防治各种维生素缺乏或不足症有一定作用。

最近的一份研究报告指出，长期喝茶的人，腰围与臀围可以各少2cm，而且身体脂肪含量比例还会少20%。饮茶的好处很多，概括起来有14条：①茶能使人精神振奋，增强思维和记忆能力。②茶能消除疲劳，促进新陈代谢，并有维持心脏、血管、胃肠等正常功能的作用。③饮茶对预防龋齿有很大好处。据英国的一项调查表明，儿童经常饮茶龋齿可减少60%。④茶叶含有不少对人体有益的微量元素。⑤茶叶有抑制恶性肿瘤的作用，饮茶能明显地抑制癌细胞的生长。⑥饮茶能抑制细胞衰老，使人延年益寿，茶叶的抗老化作用是维生素E的18倍以上。⑦饮茶可延缓和防止血管内膜脂质斑块形成，防治动脉硬化、高血压和脑血栓。⑧饮茶能兴奋中枢神经，增强运动能力。⑨饮茶有良好的减肥和美容效果，特别是乌龙茶对此效果尤为明显。⑩饮茶可以预防老年性白内障。⑪茶叶所含鞣酸能杀灭多种细菌，故能防治口腔炎、咽喉炎，以及夏季易发生的肠炎、痢疾等。⑫饮茶能保护人的造血功能。茶叶中含有防辐射物质，边看电视边喝茶，能减少电视辐射的危害，并能保护视力。⑬饮茶能维持血液的正常酸碱平衡。茶叶含咖啡因、茶碱、可可碱、黄嘌呤等生物碱物质，是一种优良的碱性饮料。茶水能在体内迅速被吸收和氧化，产生浓度较高的碱性代谢产物，从而能及时中和血液中的酸性代谢产物。⑭防暑降温。饮热茶9分钟后，皮肤温度下降1~2℃，使人感到凉爽和干燥，而饮冷饮后皮肤温度下降不明显。

5.3.2 合理饮茶

合理饮茶对人体是有百益而无一害的，但是如果不合理的话那就对人体有害处了。饮茶要看体质，中医认为人的体质有燥热、虚寒之别，而茶叶经过不同的制作工艺也有凉性及温性之分，所以体质各异饮茶也有讲究。燥热体质的人，应喝凉性茶，虚寒体质者，应喝温性茶。晚上最好喝红茶。因为绿茶属于不发酵茶，茶多酚含量较高，并保持了其原始的性质，刺激性比较强；红茶是全发酵茶，茶多酚含量虽然少，但经过“熟化”过程，刺激性弱，较为平缓温和，适合晚间饮用。尤其对脾胃虚弱的人来说，喝红茶时加点奶，可以起到一定的温胃作用。但是，平时情绪容易激动或比较敏感、睡眠状况欠佳和身体较弱的人，晚上还是以少饮或不饮茶为宜。另外，晚上喝茶时要少放茶叶，不要将茶泡得过浓。喝茶的时间最好在晚饭之后，因为空腹饮茶会伤身体，尤其对于不常饮茶的人来说，会抑制胃液分泌，妨碍消化，严重的还会引起心悸、头痛等“茶醉”现象。

绿茶正确冲泡方式：

冲泡绿茶时，水温控制在 80 ~ 90℃。若是冲泡绿茶粉，以 40 ~ 60℃ 的温开水冲泡即可。分量是 2 ~ 3 克绿茶粉配 200 毫升的白开水。

冲泡茶叶的第一泡不要喝，冲了热水后摇晃一下即可倒掉。

冲泡好的茶要在 30 ~ 60 分钟喝掉，否则茶里的营养成分会变得不安定。

绿茶粉不可泡得太浓，否则会影响胃液的分泌，空腹时最好不要喝。

茶垢深藏重金属要及时清洗。有关研究提出，茶垢含镉、铅、铁、砷、汞等多种重金属物质，饮茶时它们会被带入人体，与食物中的蛋白质、脂肪和维生素等营养化合，生成难溶的沉淀物，阻碍营养的吸收。这些氧化物还会引起人体神经、消化、泌尿、造血系统病变和功能紊乱，尤其是砷、镉可致癌，引起胎儿畸形。故凡有饮茶习惯者，应及时清洗茶具内壁的茶垢。

5.4 中国十大名茶

尽管现在人们对名茶的概念尚不十分统一，但综合各方面情况，名茶是具有以下基本特点的：其一，名茶之所以有名，关键在于有独特的风格，主要表现在茶叶的色、香、味、形四个方面。杭州的西湖龙井茶以“色绿、香郁、味醇、形美”四绝著称于世，也有一些名茶往往以其一两个特色而闻名。如岳阳的君山银针，芽头肥实，茸毫披露，色泽鲜亮，冲泡时芽尖直挺竖立，雀舌含珠，数起数落，堪为奇观。其二，名茶要有商品的属性。名茶作为一种商品必须在流通领域中显示出来。因此名茶要有一定产量，质量要求高，在流通领域享有很高的声誉。其三，名茶需被社会承认。名茶不是哪个人封的，而是通过人们多年的品评得到社会承认的。历史名茶，或载入史册，或得到发掘，就是现代恢复生产的历史名茶或现代创制的名茶，也需得到社会的承认或国家的认定。中国茶叶历史悠久，各种各样的茶类品种，万紫千红，竞相争艳，犹如春天的百花园，使万里山河分外妖娆。中国名茶就是在浩如烟海诸多花色品种茶叶中的珍品。同时，中国名茶在国际上享有很高的声誉。

5.4.1 六安瓜片

六安瓜片（图5-3）的历史渊源，史料尚无考证。许多茶叶工作者寻根溯源，略有所获，较为可信的传说有两种。一是说，1905年前后，六安茶行一评茶师，从收购的绿大茶中拣取嫩叶，剔除梗，作为新产品应市，获得成功。信息不胫而走，金寨麻埠的茶行，闻风而动，雇佣茶工，如法采制，并起名“峰翅”（意为蜂翅）。此举又启发了当地一家茶行，在齐头山的后冲，把采回的鲜叶剔除梗芽，并将嫩叶、老叶分开炒制，结果成茶的色、香、味、形均使“峰翅”相形见绌。于是附近茶农竞相学习，纷纷仿制。这种片状茶叶形似葵花子，遂称“瓜子片”，以后即叫成了“瓜片”。二是说，麻埠附近的祝家楼财主，与袁世凯是亲戚。祝家常以土产孝敬。袁饮茶成癖，茶叶自是不可缺少的礼物。但其时当地所产的大茶、菊花茶、毛尖等，均不能使袁满意。1905年前后，祝家为取悦袁，不惜工本，在后冲雇佣当地有经验的茶工，专拣春茶的第1~2片嫩叶，用小帚精心炒制，炭火烘焙，所制新茶形质俱丽，获得袁的赞赏。当地茶行也悬高价收买，以促茶农仿制。新茶登市后，蜚声遐迩，连峰翅亦逊色多矣。峰翅品质虽优于大茶，但其采制技术均与大茶相同。而瓜片却脱颖而出，色、香、味、形别具一格，日益博得饮品者的喜嗜，逐渐发展为全国名茶。

图5-3 冲泡的六安瓜片

5.4.2 西湖龙井

传说很久以前龙井山中有个荒凉的小村，村中有个老妇，住在破茅屋里，靠采摘屋后所种的十八棵茶树的嫩叶为生（图5-4）。她为人心善，常煮茶水在门口任进山采茶的人取饮。

图5-4 龙井十八棵御茶园

一天村中来了一位白胡子的老头，在门口喝茶时看见她屋角弃置一个破石臼，认出它是宝贝，便要购买。婆婆道："破旧石臼，是无用之物，喜欢，搬去就是。"老者自己搬不动大石臼，便下山找人来搬，不想老太太善心又起，见他要石臼，便将石臼洗刷一净，把臼中腐土，埋在屋后十八棵茶树下。老者带了下人回来，只见石臼已洗干净，大惊失色，石臼也不要了，叹息下山而去。原来石臼并非宝物，它里面堆积的腐土才是无价之宝。老妇屋后的十八棵茶树，自得腐土为肥后，生长茂盛起来；而用这些树的嫩芽所制的茶叶，有好奇特的清香，为诸茶之冠。这些树便是龙井茶的始祖。传说乾隆皇帝下江南时，来到杭州龙井狮峰山下，看乡女采茶，以示体察民情。这天，乾隆皇帝看见几个乡女正在十多棵绿茵茵的茶篷前采茶，心中一乐，也学着采了起来。刚采了一把，忽然太监来报："太后有病，请皇上急速回京。"乾隆皇帝听说太后有病，随手将一把茶叶向袋内一放，日夜兼程赶回京城。其实太后只因山珍海味吃多了，一时肝火上升，双眼红肿，胃里不适，并没有大病。此时见皇儿来到，只觉一股清香飘来，便问带来什么好东西。皇帝也觉得奇怪，哪来的清香。他随手一摸，啊，原来是杭州龙井狮峰山的一把茶叶，几天过后已经干了，浓郁的香气就是它散出来了。太后便想尝尝茶叶的味道，宫女将茶泡好，茶送到太后面前，果然清香扑鼻，太后喝了一口，双眼顿时舒适多了，喝完了茶，红肿消了，胃不胀了。太后高兴地说："杭州龙井的茶叶，真是灵丹妙药。"乾隆皇帝见太后这么高兴，立即传令下去，将杭州龙井狮峰山下胡公庙前那十八棵茶树封为御茶，每年采摘新茶，专门进贡太后。至今，杭州龙井村胡公庙前还保存着这十八棵御茶。

另一个有关龙井茶的传说是，有一年清朝乾隆皇帝下江南，来到龙井村附近的狮子峰下胡公庙休息。庙里的和尚端上当地的名茶。乾隆精于茶道，一见那茶，不由叫绝，只见洁白如玉的瓷碗中，片片嫩茶犹如雀舌，色泽墨绿，碧液中透出阵阵幽香。他品尝了一口，只觉得两颊生香，有说不出的受用。于是，乾隆召见和尚，问道："此茶何名？产于何地？"和尚回答说："启禀皇上，这是小庙所产的龙井茶。"乾隆一时兴发，走出庙门，只见胡公庙前碧绿如染，十八棵茶树嫩芽初发，青翠欲滴，周围群山起伏，宛若狮形。此时乾隆龙心大悦。茶名龙井，山名狮峰，况且十八又是个大吉大利的数字。而那茶又实在赏心悦目，甘醇爽口，于是乾隆当场封胡公庙前的十八棵茶树为"御茶"。从此，龙井茶名声远扬。

5.4.3 洞庭碧螺春

很早以前，东洞庭莫厘峰上有一种奇异的香气，人们误认为有妖精作祟，不敢上山。一天，有位胆大勇敢、个性倔强的姑娘去莫厘峰砍柴，刚走到半山腰，却闻到一股清香，她也感到惊奇，就朝山顶观看，看来看去没有发现什么奇异怪物，好奇心所驱，她冒着危险，爬上悬崖，来到山峰顶上，只见在石缝里长着几棵绿油油的茶树，一阵阵香气好像是从树上散发出来的。她走近茶树，采摘了一些芽叶揣在怀里，就下山来，谁知一路走，怀里的茶叶一路散发出浓郁香气，而且越走，这股香气越浓，这异香熏得她有些昏沉沉。回到家里，姑娘感到又累又渴，就从怀里取出茶叶，但觉满屋芬芳，姑娘大叫"吓煞人哉，吓煞人哉！"一边撮些芽叶泡上一杯喝起来。碗到嘴边，香沁心脾，一口下咽，满口芳香；二口下咽，喉润头清；三口下咽，疲劳消除。姑娘喜出望外，决心把宝贝茶树移回家来栽种。第二天，她带上锄头，把小茶树挖来，移植在西洞庭的石山脚下，精心培育。几年以后，茶树长得枝壮叶茂，茶树散发出来的香气，吸引了远近乡邻，姑娘把采下来的芽叶泡茶招待大家，但见这芽叶满身茸毛，香浓味爽，大家赞不绝口，因问这是何茶，姑娘随口答曰："吓煞人香。"从此，吓煞人香茶，渐渐被引种繁殖，遍布了整个洞庭西山和东山，采制加工技术也逐步提高，逐步形成现今具有"一嫩三鲜"（即芽叶嫩，色、香、味鲜）特点，碧绿澄清，形似螺旋，满披茸毛的碧螺春茶。

5.4.4 黄山毛峰

明朝天启年间，江南黟县新任县官熊开元带书童来黄山春游，迷了路，遇到一位腰挎竹篓的老和尚，便借宿于寺院中。长老泡茶敬客时，知县细看这茶叶色微黄，形似雀舌，身披白毫，开水冲泡下去，只见热气绕碗边转了一圈，转到碗中心就直线升腾，约有一尺高，然后在空中转一圆圈，化成一朵白莲花。那白莲花又慢慢上升化成一团云雾，最后散成一缕缕热气飘荡开来，清香满室（图5－5）。知县问后方知此茶名叫黄山毛峰，临别时长老赠送此茶一包和黄山泉水一葫芦，并嘱一定要用此泉水冲泡才能出现白莲奇景。熊知县回县衙后正遇同窗旧友太平知县来访，便将冲泡黄山毛峰表演了一番。太平知县甚是惊喜，后来到京城禀奏皇上，想献仙茶邀功请赏。皇帝传令进宫表演，然而不见白莲奇景出现，皇上大怒，太平知县只得据实说道乃黟县知县熊开元所献。皇帝立即传令熊开元进宫受审，熊开元进宫后方知未用黄山泉水冲泡之故，讲明缘由后请求回黄山取水。熊知县来到黄山拜见长老，长老将山泉交付于他。熊知县在皇帝面前冲泡玉杯中的黄山毛峰，果然出现了白莲奇观，皇帝看得眉开眼笑，便对熊知县说道："朕念你献茶有功，升你为江南巡抚，三日后就上任去吧。"熊知县心中感慨万千，暗忖道"黄山名茶尚且品质清高，何况为人呢？"于是脱下官服玉带，来到黄山云谷寺出家做了和尚，法名正志。如今在苍松入云、修竹夹道的云谷寺下的路旁，有一檗庵大师墓塔遗址，相传就是正志和尚的坟墓。

图5－5 白莲花

5.4.5 庐山云雾茶

从前，庐山五老峰下有一个宿云庵，老和尚憨宗以移种野茶为业，在山脚下开了一大片茶园，茶丛长得极为茂盛。有一年四月，忽然冰冻三尺，这儿茶叶几乎全被冻死。浔阳官府派衙役多人，到宿云庵找和尚憨宗，拿着银票，硬是要买茶叶。这样天寒地冻，园里哪有茶叶呢？把憨宗逼得喘不过气来。憨宗向衙役百般哀求无效，连夜逃走。九江名士廖雨，为和尚憨宗打抱不平，在九江街头到处张贴冤状，题《买茶谣》，对横暴不讲理的官府控诉。官府却不理睬。和尚逃走后，这些衙役更是肆无忌惮。为在惊蛰摘取茶叶，清明节前送京，日夜击鼓擂锣，喊山出茶，每天深夜，把四周老百姓都喊起来，赶上山，令其摘茶。竟把憨宗和尚一园茶叶，连初萌未展的茶芽都一扫而空。

图 5－6　庐山五老峰

憨宗和尚满腔苦衷，感动了上天。在憨宗悲伤的哭声中，从鹰嘴崖、迁莺石和高耸入云的五老峰巅，忽然飞来红嘴蓝雀、黄莺、杜鹃、画眉等珍禽异鸟，唱着婉转的歌，不断从云中飞来。它们不断撷取憨宗和尚园圃中隔年散落的一点点茶籽，只只鸟儿把它从冰冻的泥土中啄食出来，衔在嘴里，“唰”地飞到云雾中，将茶籽散落在五老峰的岩隙中，很快长起一片翠绿的茶树。憨宗看得这高山之巅，云雾弥漫中失而复得的好茶园，真是心里乐开了花。他是多么感谢这些美丽的鸟儿啊。

不久，采茶的季节到了。由于五老峰、大汉阳峰奇峰入云，憨宗实在无法爬上高峰云端采撷，只好望着云端清香的野茶兴叹（图 5－6）。正在这时，忽然百鸟朝林，还是那些红嘴蓝雀、黄莺、杜鹃、画眉又从云中飞过来了，驯服地飞落在憨宗身边，憨宗把这些美丽的小鸟喂得饱饱的，在它们颈上各套一个口袋，它们飞向五老峰、大汉阳峰的云雾中采茶。憨宗猛抬头仰望高峰云端，只见仙女翩舞，歌声嘹亮，在云雾中忙着采茶。之后，这些山中百鸟，将采得的鲜茶叶经憨宗老和尚的精心揉捻，炒制成茶叶。这种茶叶是庐山百鸟在云雾中播种，又是它们辛苦地从高山云雾中同仙女一起采撷下来的，所以称为“云雾茶”。

5.4.6 君山银针

湖南省洞庭湖的君山出产银针名茶，据说君山茶的第一颗种子还是四千多年前娥皇、女英播下的。后唐的第二个皇帝明宗李嗣源，第一回上朝的时候，侍臣为他捧杯沏茶，开水向杯里一倒，马上看到一团白雾腾空而起，慢慢地出现了一只白鹤。这只白鹤对明宗点了三下头，便朝蓝天翩翩飞去了。再往杯子里看，杯中的茶叶都齐崭崭地悬空竖了起来，就像一群破土而出的春笋。过了一会儿，又慢慢下沉，就像是雪花坠落一般。明宗感到很奇怪，就问侍臣是什么原因。侍臣回答说“这是君山的白鹤泉（即柳毅井）水，泡黄翎毛（即银针茶）缘故。”明宗心里十分高兴，立即下旨把君山银针定为“贡茶”。君山银针冲泡时，棵棵茶芽立悬于杯中，极为美观。

5.4.7 信阳毛尖

相传在很久很久以前，信阳本没有茶，乡亲们在官府和老财的欺压下，吃不饱，穿不暖，许多人得了一种叫“疲劳痧”的怪病，瘟病越来越凶，不少地方都死绝了村户。一个叫春姑的姑娘看在眼里，急在心上，为了能给乡亲们治病，她四处奔走寻找能人。一天，一位采药老人告诉姑娘，往西南方向翻过九十九座大山，蹚过九十九条大江，便能找到一种消除疾病的宝树。春姑按照老人的要求爬过九十九座大山，蹚过九十九条大江，在路上走了九九八十一天，累得筋疲力尽，并且也染上了可怕的瘟病，倒在一条小溪边。这时，泉水中漂来一片树叶，春姑含在嘴里，马上神清目爽，浑身是劲，她顺着泉水向上寻找，果然找到了生长救命树叶的大树，摘下一颗金灿灿的种子。看管茶树的神农氏老人告诉姑娘，摘下的种子必须在 10 天之内种进泥土，否则会前功尽弃。想到 10 天之内赶不回去，也就不能抢救乡亲们，春姑难过得哭了，神农氏老人见此情景，拿出神鞭抽了两下，春姑便变成了一只尖尖嘴巴、大大眼睛、浑身长满嫩黄色羽毛的画眉鸟。小画眉很快飞回了家乡，将树籽种下，见到嫩绿的树苗从泥土中探出头来，画眉高兴地笑了起来。这时，她的心血和力气已经耗尽，在茶树旁化成了一块似鸟非鸟的石头。不久茶树长大，山上也飞出了一群群的小画眉，她们用尖尖的嘴巴啄下一片片茶叶，放进了瘟病病人的嘴里，病人便马上好了，从此以后，种植茶树的人越来越多，也就有了茶园和茶山。

5.4.8 武夷岩茶——大红袍

传说古时，有一穷秀才上京赶考，路过武夷山时，病倒在路上，幸被天心庙老方丈看见，泡了一碗茶给他喝，居然病就好了，后来秀才金榜题名，中了状元，还被招为东床驸马。一个春日，状元来到武夷山谢恩，在老方丈的陪同下，前呼后拥，到了九龙窠（图5－7），但见峭壁上长着三株高大的茶树，枝叶繁茂，吐着一簇簇嫩芽，在阳光下闪着紫红色的光泽，煞是可爱。老方丈说，去年你犯臌胀病，就是用这种茶叶泡茶治好。很早以前，每逢春日茶树发芽时，就鸣鼓召集群猴，穿上红衣裤，爬上绝壁采下茶叶，炒制后收藏，可以治百病。状元听了要求采制一盒进贡皇上。第二天，庙内烧香点烛，击鼓鸣钟，招来大小和尚，向九龙窠进发。众人来到茶树下焚香礼拜，齐声高喊“茶发芽！”然后采下芽叶，精工制作，装入锡盒。状元带了茶进京后，正遇皇后肚疼臌胀，卧床不起。状元立即献茶让皇后服下，果然茶到病除。皇上大喜，将一件大红袍交给状元，让他代表自己去武夷山封赏。一路上礼炮轰响，火烛通明，到了九龙窠，状元命一樵夫爬上半山腰，将皇上赐的大红袍披在茶树上，以示皇恩。说也奇怪，等掀开大红袍时，三株茶树的芽叶在阳光下闪出红光，众人说这是大红袍染红的。后来，人们就把这三株茶树叫作“大红袍”了。有人还在石壁上刻了“大红袍”三个大字。从此

图5－7 九龙窠岩壁

大红袍就成了年年岁岁的贡茶。

5.4.9 安溪铁观音

关于铁观音品种的由来，在安溪还流传着这样一个故事。相传，清乾隆年间，安溪西坪上尧茶农魏饮制得一手好茶，他每日晨昏泡茶三杯供奉观音菩萨，十年从不间断，可见礼佛之诚（图5－8）。一夜，魏饮梦见在山崖上有一株透发兰花香味的茶树，正想采摘时，一阵狗吠把好梦惊醒。第二天果然在崖石上发现了一株与梦中一模一样的茶树，于是采下一些芽叶，带回家中，精心制作。制成之后茶味甘醇鲜爽，精神为之一振。魏饮认为这是茶之王，就把这株茶挖回家进行繁殖。几年之后，茶树长得枝叶茂盛。因为此茶美如观音重如铁，又是观音托梦所获，就叫它“铁观音”。从此铁观音就名扬天下。铁观音是乌龙茶的极品，其品质特征是：茶条卷曲，肥壮圆结，沉重匀整，色泽砂绿，整体形状似蜻蜓头、螺旋体、青蛙腿。冲泡后汤色多黄浓艳似琥珀，有天然馥郁的兰花香，滋味醇厚甘鲜，回甘悠久，俗称有“音韵”。茶音高而持久，可谓“七泡有余香”。

图5－8 安溪西坪镇

5.4.10 祁门红茶

某年某月某日，王母娘娘特邀神农及诸仙入宫赴宴，众神宴后口渴并昏昏欲睡，唯独神农因饮茶水而神怡，王母察觉，命神农献茶。众神饮茶后，倦意全消，神清气爽，连连赞道："真是人间奇宝!"王母追问："产于何地?"神农含糊答道："奇山香门。"玉帝会意，含笑不语，宴后降旨，差神将去人间寻夺奇宝。神将腾云驾雾，降落在一处茶山坡上，问采茶姑娘如何去"奇门香山"寻找"人间奇宝"，这位精灵的茶姑为保住家乡的茶叶，就机灵地谎称此处不叫"奇山"，叫"祁山"，不叫"香门"，叫"闾门"，因而巧妙地骗过了神将。以后，当地所产的红茶，就称为"祁门红茶"。

我国最先发现和利用茶。茶的利用经历了从药用到食用到饮用，从煮食（战国）到煮饮（唐）再到泡饮（明代）的演变。人们饮茶是从春秋战国时期开始，到秦汉时期，饮茶之风逐渐传播开来。在唐代则成为举国之饮，宋代饮茶发展成为一种风气，一种典雅的艺术。中国是一个民族众多的国家，生活在这个大家庭中的各族人民有着各种不同的饮茶习俗。纳西族的龙虎斗、佤族的烧茶和擂茶等体现了茶在人民生活中的重要作用以及它给人民带来的精神上的寄托。十大名茶传说更多体现茶的神奇药效和至洁、至真的历史渊源。茶香溢满了时代车轮，飘溢在爱它的每一寸土地之上，与茶有关的更多科学研究、文化典故和传说，需要我们更多探求和发扬。

6 漫漫茶之路

在生活中，什么茶类你接触的最多呢？是绿茶信阳毛尖、黄山毛峰、西湖龙井，还是青茶铁观音、大红袍、凤凰单枞呢？你知道茶叶是根据什么进行分类的吗？茶叶不仅种类丰富，而且茶树也有很多品种。你知道茶树有哪些品种吗？这些品种又是如何进行分类的呢？哪些茶树品种更适合制作哪种茶叶？当然也有一些特殊的茶树品种，它们不仅可以制作茶叶，而且还有其他的用处呢。从大处说，茶树是来自茶区，那我们国家有几大茶区呢？各个茶区又有什么特点呢？从小处说，茶树是长在茶园中，你知道什么是生态茶园，什么有机茶园吗？了解了这些，那你还想知道国外哪些国家在种茶吧，以及他们茶树栽培的特点是怎样呢？让我们带着上面的问题，阅读下面的文字，寻觅与之相关的答案。

茶树从被发现到被人类所利用，经过了一个漫长的过程。人类发挥自己智慧和多年的实践经验，发现了多样的茶树品种，并通过不同的繁育方式，使茶这种植物，在人类的进化历程中，得到了全新演变；人类采用不同的栽培管理措施，使茶最大限度地去丰富人民的生活，同时也体现了社会文明发展进入了一个很高的阶段。

6.1 茶叶分类

在漫长的历史发展过程中，我国历代茶人富有创造地开发了各种各样的茶类，外加茶区分布广泛，茶树品种繁多，制茶工艺不断革新，形成了丰富多彩的茶类。根据制茶工艺的不同，把茶叶分为六大类：绿茶、红茶、青茶、黑茶、白茶、黄茶。

6.1.1 绿茶

绿茶是我国产量最多的一类，全国有18个产茶省，主要产地为安徽、浙江、湖南、湖北、四川等，我国绿茶花色品种之多居世界之首，占世界茶叶市场绿茶贸易量的80%左右。绿茶的基本工艺流程分杀青、揉捻、干燥三步骤。杀青方式有加热杀青和热蒸杀青两种，以热蒸杀青制成的绿茶称·“蒸青绿茶”。干燥以最终干燥方式不同有炒干、烘干和晒干之别，最终炒干的绿茶称“炒青”，最终烘干的绿茶称“烘青”，最终晒干的绿茶称“晒青”。多年来的研究发现，众多茶类中绿茶最保健。市场上常见的名优绿茶有西湖龙井、黄山毛峰、洞庭碧螺春、南京雨花茶等。

6.1.2 红茶

红茶基本工艺流程是萎凋、揉捻、发酵、干燥。红茶红汤红叶的品质特点主要是经过“发酵”形成的。所谓发酵，其实质是茶叶中原先无色的多酚类物质，在多酚类氧化酶的催化作用下，氧化以后形成了红色的氧化聚合物——红茶色素。这种色素一部分能溶于水，冲泡后形成了红色的茶汤，一部分不溶于水积累在叶片中，使叶片变成红色，红茶的红汤红叶就这样形成了。我国红茶最早出现的是福建崇安一带的小种红茶，以后发展演变产生了工夫红茶。1875年，工夫红茶制作方法由福建传至安徽祁门一带，继而江西、湖北、四川、台湾等省大力发展工夫红茶。工夫红茶是我国传统的出口茶类，远销东欧、西欧等60多个国家和地区。产于安徽的祁红和云南的滇红早已名扬海外，享有盛誉。市场上主要的红茶有祁红、滇红、川红、金骏眉、坦洋工夫、汪洋工夫等。

6.1.3 青茶

青茶也叫乌龙茶，属半发酵茶。是介于不发酵茶（绿茶）与全发酵茶（红茶）之间的一类茶，其外形色泽青褐。乌龙茶冲泡后，叶片上有红有绿，传统工艺的乌龙茶，叶片中间呈绿色，叶缘呈红色，素有“绿叶红镶边”之美称。汤色黄红，有天然花香，味浓郁，具有独特的韵味。乌龙茶主要产自福建、广东、台湾三省，因品种上的差异，乌龙茶分为闽北乌龙、闽南乌龙、广东乌龙和台湾乌龙四类。闽北乌龙：产于福建省武夷山一带，主要有武夷岩茶、闽北水仙、闽北乌龙。闽南乌龙：闽南是乌龙茶的发源地，由此传向闽北、广东和台湾。产于福建南部的乌龙茶最著名，品质最好的是安溪铁观音。广东乌龙：主要有广东潮州地区所产的凤凰单枞和凤凰水仙。台湾乌龙：主要有冻顶乌龙、阿里山乌龙、文山包种、东方美人等。

6.1.4 黑茶

黑茶的基本工艺流程是杀青、揉捻、渥堆、干燥。黑茶一般原料较粗老，加之制作过程中往往堆积发酵时间较长，因而叶色油黑或黑褐，故称黑茶。黑茶主要供边区少数民族饮用，所以又称边销茶。黑毛茶是压制各种紧压茶的主要原料，各种黑茶的紧压茶是藏族、蒙古族和维吾尔族等兄弟民族日常生活的必需品，有“宁可一日无食，不可一日无茶”之说，黑茶因产区和工艺上的差别有云南普洱茶、湖南黑茶、湖北老青茶、广西六堡茶、四川边茶等。

6.1.5 白茶

白茶属轻微发酵茶，基本工艺过程是萎凋、晒干或烘干。白茶常选用芽叶上白茸毛多的品种，如福鼎大白茶，芽壮多毫，制成的成品茶满披白毫，十分素雅，汤色清淡，味鲜醇。白茶主要产地为福建省的福鼎、政和、松溪和建阳等。市场主要的白茶有白毫银针、白牡丹等。

6.1.6 黄茶

黄茶的加工工艺为杀青、揉捻、闷黄、干燥。黄茶品质特点是“黄汤黄叶”，这是制茶过程中进行闷堆渥黄的结果。黄茶主要的代表名茶有蒙顶黄芽、黄山黄芽、君山银针等。

以上是中国的六大茶类，以这些基本茶类做原料进行再加工以后的产品统称再加工茶类。主要有花茶、果味茶、药用保健茶等。总之，中国茶类繁多，消费者可以结合自己的喜好和不同的季节，选择适合于自己的茶。

6.2 多样的茶树品种及繁育方式

茶树经历过世世代代的繁衍和广泛的传播，经受着多种多样的生态条件和生产条件的长期影响，以及人工驯化和选择的作用，形成了十分丰富的品种资源。茶树选种活动，古时就已开始。据记载，晋武帝（265—290）时，即有安徽宣城人秦精在今湖北鄂城县武昌山采集大叶种茶树。在唐代陆羽《茶经》、宋代《东溪试茶录》、宋徽宗《大观茶论》等，都有有关茶树选种和茶树品种性状的记述，还流传着许多古人发现、驯化、利用野生茶树的轶事和传说。随着生产的发展、茶类的创新，以及人们的辛勤培育，茶树品种更是层出不穷。

目前已发掘的茶树地方品种或类型，约有500余个。近20年来，全国各有关单位选育出的茶树新品种、品系，据不完全统计，也有100余个。

除了丰富多彩的茶树品种外，野生大茶树和茶种近缘野生植物，分布也很广，在西南、华南甚至华东地区都有发掘，如著名的云南南糯山大茶树、大黑山大茶树、贵州赤水大茶树、四川宜宾大茶树等。这些野生茶树资源的发掘，为进一步研究茶树起源、进化和选育新品种，提供了宝贵的材料。由此可见，我国茶树品种资源极为丰富，分布广泛，世界上各种茶树类型，我国应有尽有。

6.2.1 茶树品种的分类

茶树品种的基本性状：茶树是异花授粉植物，又是一个古老的树种，在千百万年的系统发育过程中，由于自然演化和天然杂交，品种性状不断产生变异与进化，无论生殖器官还是营养器官，都存在复杂而广泛的变异。在生产栽培的茶树品种中，就全国茶区而言，灌木类型占多数，但小乔木和乔木类型的品种也很丰富（图6－1、图6－2）。特别是在西南和华南茶区，乔木类型的品种栽培面积较大。在云南、广东、广西等茶区，乔木类型的云南大叶种，则成为主要栽培品种。乔木类型的茶树品种，植株高大，分枝部位高，主干明显，分枝稀疏。叶片大，叶片长度在10厘米以上。结实率低，抗逆性弱，特别是抗寒性极差。芽头粗大，芽叶中多酚类物质含量高。这类品种分布于温暖湿润的地区，适宜制红茶，品质上具有滋味浓强的特点。灌木类型的茶树品种，植株低矮，分枝部位低，从基部分枝，无明显主干，分枝密。叶片小，80%的品种叶片长度在10厘米以下，最小者不及3厘米，最大者亦在14厘米以下。结实率高，抗逆性强。芽中的氨基氮含量高。地理分布广，茶类适制性亦较广。小乔木类型的茶树品种，则介于灌木乔木类型之间，区域适应性和茶类适制性亦较广。栽培茶树的目的，是采摘其幼嫩新梢，作为制茶原料。因此，茶树的长相、叶和芽的性状、芽的萌发和生长特性，以及新梢的性状，也就成为研究茶树品种的重要经济性状。任何茶树品种，都存在树型、叶片大小和发芽迟早的区别，在这三个性状方面，都表现出各自的特征，显示出一定的稳定性。树型、叶片大小和发芽迟早不同的茶树品种，在经济性状上亦存在显著差异。

图6-1 乔木型茶树

图6-2 小乔木型茶树

根据我国茶树品种主要性状和特性的研究，并照顾到现行品种分类的习惯，我们将茶树品种按树型、叶片大小和发芽迟早三个主要性状，分为三个等级，作为茶树品种分类系统。各级分类标准如下：

（1）第一级分类系统

第一级分类系统称为“型”。分类性状为树型，主要以自然生长情况下植株的高度和分枝习性而定。分为乔木型、小乔木型、灌木型。

1）乔木型。此类是较原始的茶树类型。分布于和茶树原产地自然条件较接近的自然区域，即我国热带或亚热带地区。乔木型茶树植株高大，从植株基部到上部，均有明显的主干，呈总状分枝，分枝部位高，枝叶稀疏。叶片大，叶片长度的变异范围为10～26厘米，多数品种叶长在14厘米以上。叶片栅栏组织为一层。

2）小乔木型。此类属进化类型。抗逆性较乔木型强，分布于亚热带或热带茶区。小乔木型茶树植株较高大，从植株基部至中部主干明显，植株上部主干则不明显。分枝较稀，大多数品种叶片长度在10～14厘米，叶片栅栏组织多为两层。

3）灌木型。此类亦属进化类型。包括的品种最多，主要分布于亚热带茶区，我国大多数茶区均有分布。灌木型茶树植株低矮，无明显主干，从植株基部分枝，分枝密，叶片较小，叶片长度变异范围大，常在2.2～14厘米，大多数品种叶片长度在10厘米以下。叶片栅栏组织2～3层。

（2）第二级分类系统

第二级分类系统称为“类”。分类性状为叶片大小，主要以成熟叶片长度，并兼顾其宽度而定。分为特大叶类、大叶类、中叶类和小叶类。

1）特大叶类。叶长在14厘米以上，叶宽5厘米以上。

2）大叶类。叶长10～14厘米，叶宽4～5厘米。

3）中叶类。叶长7～10厘米，叶宽3～4厘米。

4）小叶类。叶长7厘米以下，叶宽3厘米以下。

（3）第三级分类系统

第三级分类系统称为“种”。这里所谓的“种”，是指品种或品系，不同于植物分类学上的种，此处系借用习惯上的称谓。分类性状为发芽时期，主要以头轮营养芽，即越冬营养芽开采期（即一芽三叶开展盛期）所需的活动积温而定。分为早芽种、中芽种和迟芽种。根据我们在杭州对全国主要茶树品种营养芽物候学的观察结果，将第三级分类系统做如下划分：

1）早芽种。发芽期早，头茶开采期活动积温在400℃以下。

2）中芽种。发芽期中等，头茶开采期活动积温在400～500℃之间。

3）迟芽种。发芽期迟，头茶开采期活动积温在500℃以上。

6.2.2 常栽茶树品种

据统计，现有茶树栽培品种600多个，国家级良种96个，省级良种118个。1987年认定“龙井43”等22个新品种为中国（大陆）茶树第一批育成良种。并在我国浙江杭州、云南勐海建立了2个国家级茶树种质圃，收集种质资源3300多份，我国茶区中主栽茶树品种如下：

龙井43　属国家级无性系良种，由中国农业科学院茶叶研究所培育而成。形态特征：灌木型，中叶、特早芽种。抗性强，适种区广。植株无明显主干，分枝密。芽叶茸毛较少，春梢芽茎有一小红点，育芽能力强，耐采。发芽早，杭州茶区3月下旬萌芽，3月底可采制明前龙井茶，浙南茶区在3月上旬开采。由于发芽早，节间短，最适合加工龙井等扁形名茶。用其制作的特级龙井茶的品质特点是芽锋显露，色泽嫩绿，边缘微黄，茶香持久，滋味甘醇鲜爽，汤色清绿明亮，叶底嫩匀成朵。也适制高级炒青绿茶，其条索细紧，色绿润，香气清爽，滋味醇厚。春茶一芽二叶鲜叶的品质特点：茶多酚18.5%，氨基酸3.7%，咖啡因4.0%，儿茶素总量120.84毫克/克。

福云6号　属无性繁殖系（图6-3），为国家级良种，由福建省茶叶研究所培育而成。在闽、浙、桂、湘、川、黔、苏等省广泛推广栽培。形态特征：小乔木型，大叶、特早芽种。植株高大，树姿半开张，分枝较密，叶片色泽淡绿无光泽，嫩梢多白毫，持嫩性较差，发芽特别早。春茶3月上旬可达一芽一叶，3月下旬一芽三叶盛期，一芽三叶百芽重69克。适应性广，适合加工明前“毛峰”“银毫”等名茶。其品质特点：条索细秀显毫，香气清鲜，味醇厚。

图6-3　福云6号

福鼎大白茶　属无性繁殖系，为国家级良种，原产于福建省福鼎县，至今已有120余年的栽培史。是适宜在低丘红壤地区栽培的高产优良品种之一，各产茶省均有引种栽培。形态特征：小乔木型，大叶、早芽种。植株较高大，树枝半开张。春芽3月中旬萌发，4月上旬为一芽三叶盛期，一芽三叶百芽重63克。芽叶肥壮多茸毛，尤其适制“茸毛类”的高档名茶，如“银针”“白兰花”型名茶。成品具有色泽绿翠，芽毫显露，香味鲜的特点。春茶一芽二叶鲜叶的品质特点：茶多酚25.7%，氨基酸4.3%，咖啡因4.4%，儿茶素总量113.85毫克/克。

福鼎大毫茶　属无性繁殖系，为国家级良种，原产福建省福鼎县，至今已有百年栽培史。浙、苏、赣、鄂、皖等省有引种栽培。是适宜在低丘红壤土质生长的高产优质品种之一。形态特征：小乔木型，大叶、早芽种。植株较高大，直立，芽叶肥壮，多银白色茸毛，持嫩性强。春芽3月中旬萌发，4月上旬一芽三叶盛期，其百芽重104克。可加工成不同外形的名茶。不仅是加工“白毫银针”“白牡丹”“白毛猴”的高级原料，而且江苏无锡茶叶品种研究所用该品种创制成“无锡毫茶”，并在历届名茶评比会上多次获奖。春茶一芽二叶鲜叶的品质特点：茶多酚25.7%，氨基酸3.5%，咖啡因4.3%，儿茶素总量184.24毫克/克。

迎霜　属无性繁殖系，为国家级良种，由杭州市茶叶研究所选育而成。在浙、皖、苏、鄂、豫等省均有栽培。形态特征：小乔木型，中叶、早芽种。树姿直立，嫩梢黄绿色。春芽3月上中旬萌发，4月中旬一芽三叶盛期，其百芽重45克。可适制“毛尖”名茶。用迎霜加工成的名茶，感官品质具有条索紧结、色泽绿润、香气高而持久，味浓爽的特点。春茶一芽二叶鲜叶的品质特点：茶多酚30.5%，氨基酸2.5%，咖啡因4.0%，儿茶素总量157.54毫克/克。

图6-4　茶树品种毛蟹

毛蟹　属无性繁殖系（图6-4），为国家级良种，原产福建省安溪县福美村，有80多年栽培史。形态特征：灌木型，中叶、中芽种。植株无明显主干、分枝密。春芽3月下旬萌发，一芽三叶盛期在4月中旬，百芽重69克。芽肥壮密披茸毛，节间较短，加工成绿茶，条索紧实，芽毫显露，香郁味醇。一芽二叶鲜叶的品质特点：茶多酚20.1%，氨基酸3.0%，咖啡因4.0%，儿茶素总量158.19毫克/克。

早白尖　属有性繁殖系，又名早白颠，为国家级良种，原产四川省筠连县。形态特征：灌木型，中叶、早芽种。树姿开张，春茶萌发在3月中旬左右，每年在当地3月20日左右可采摘一芽二三叶。芽叶浅绿多毛，百芽重33.5克。持嫩性强，适制“毛尖”名绿茶，外形秀丽，嫩毫显露，香气清爽，味鲜醇。春茶一芽二叶鲜叶的品质特点：茶多酚27.3%，氨基酸2.3%，咖啡因4.5%，儿茶素总量172.95毫克/克。

碧云　属无性繁殖系，为国家级良种，由中国农业科学院茶叶研究所选育而成。有12个省引种。形态特征：小乔木型，中叶、中芽种。树姿直立，分枝部位高。春芽在3月下旬到4月上旬萌发，4月中旬一芽三叶盛期，百芽重51.7克。芽叶绿色，茸毛较多。制作名绿茶，其特点是条索细紧，色泽翠绿，香气清高，味鲜醇。春茶一芽二叶鲜叶的品质特点：茶多酚17.1%，氨基酸3.4%，咖啡因3.7%，儿茶素总量160.37毫克/克。

图6－5　宁州2号

宁州2号　属无性繁殖系（图6－5），为国家级良种，由江西省修水茶叶科学研究所选育而成。形态特征：灌木型，中叶、中芽种。树姿开张，春芽在3月下旬萌发，4月下旬一芽三叶盛期，百芽重71克。适宜江西茶区创制名绿茶。用其制作绿茶清香味醇。春茶一芽二叶鲜叶的品质特点：茶多酚25.0%，水浸出物41.7%。

6.3　茶区及茶园类型

中国茶区为便于实现科学种茶与管理，根据历史的、现在的、自然的、经济的、生产的需要，可划分为四大茶区（图 6 –6）。根据当时社会发展和生活的需要，我们又把茶园分为生态茶园、生态观光茶园、有机茶园等。

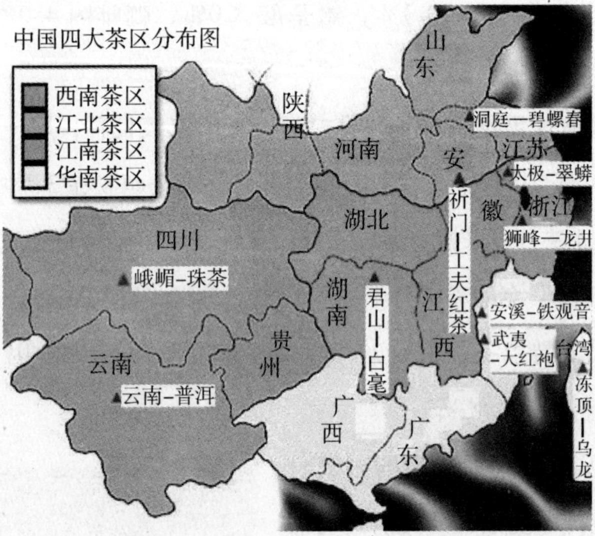

图 6 –6　中国四大茶区分布图

6. 3. 1　中国四大茶区

中国现有茶园面积约 110 万公顷。茶区分布辽阔，东起东经 122°的台湾省东部海岸，西至东经 95°的西藏自治区易贡，南自北纬 18°的海南岛榆林，北到北纬 37°的山东省荣成县，东西跨经度 27°，南北跨纬度 19°。共有 21 个省（区、市）967 个县、市生产茶叶。全国分四大茶区：即华南茶区、西南茶区、江南茶区和江北茶区。

（1）华南茶区

华南茶区位于中国南部，包括福建、广东、广西、台湾、海南等省（区），为中国最适宜茶树生长的地区。有乔木、小乔木、灌木等各种类型的茶树品种，茶资源极为丰富，生产红茶、乌龙茶、花茶、白茶和六堡茶等，所产大叶种红碎茶，茶汤浓度较大。

“大红袍”是武夷岩茶中品质最优异者。武夷产茶历史悠久，唐代已栽制茶叶，宋代列为皇家贡品，元代在武夷山九曲溪之四曲畔设立御茶园专门采制贡茶，明末清初创制了乌龙茶，武夷山栽种的茶树，品种繁多，有大红袍、铁罗汉、白鸡冠、水金龟“四大名枞”。

武夷茶园基地位于美丽的武夷山，那里峭峰林立、深壑陡崖、幽涧流泉、迷雾沛雨、夏日阴凉、冬日寒风、温差较小。仅施有机肥，以物理手段防治病虫害，保证茶树生长的绿色健康环境，所产岩茶茶青制优率极高，广受中外饮茶爱好者的喜爱。

（2）西南茶区

西南茶区位于中国西南部，包括云南、贵州、四川三省以及西藏东南部，是中国最古老的茶区。茶树品种资源丰富，生产红茶、绿茶、沱茶、紧压茶和普洱茶等，是中国发展大叶种红碎茶的主要基地之一。

云贵高原为茶树原产地中心。地形复杂，有些同纬度地区海拔高低悬殊，气候差别很大，大部分地区均属亚热带季风气候，冬不寒冷，夏不炎热。土壤状况也较为适合茶树生长，四川、贵州和西藏东南部以黄壤为主，有少量棕壤；云南主要为赤红壤和山地红壤。土壤有机质含量一般比其他茶区丰富。

（3）江南茶区

江南茶区位于中国长江中、下游南部，包括浙江、湖南、江西等省和皖南、苏南、鄂南等地，为中国茶叶主要产区，年产量大约占全国总产量的2/3。生产的主要茶类有绿茶、红茶、黑茶、花茶以及品质各异的特种名茶，诸如西湖龙井、黄山毛峰、洞庭碧螺春、君山银针、庐山云雾等。

茶园主要分布在丘陵地带，少数在海拔较高的山区。这些地区气候四季分明，年平均气温为15～18℃，冬季气温一般在－8℃。年降水量1 400～1 600毫米，春夏季雨水最多，占全年降水量的60%～80%，秋季干旱。茶区土壤主要为红壤，部分为黄壤或棕壤，少数为冲积壤。

（4）江北茶区

江北茶区位于长江中、下游北岸，包括河南、陕西、甘肃、山东等省和皖北、苏北、鄂北等地。江北茶区主要生产绿茶。茶区年平均气温为15～16℃，冬季绝对最低气温一般为－10℃左右。年降水量较少，为700～1 000毫米，且分布不均，常使茶树受旱。茶区土壤多属黄棕壤或棕壤，是中国南北土壤的过渡类型。但少数山区有良好的微域气候，故茶的质量亦不亚于其他茶区，如六安瓜片、信阳毛尖等。

6.3.2 生态茶园

生态茶园，是指根据环境经济协调发展原则，按照生态系统内物种共生、物质循环、能量多层次利用的生态学原理，因地制宜地利用现代科学技术，运用系统工程方法，建立能够维持茶园生态平衡，促进茶园物质和能量良性循环，实现茶叶优质、高产、高效、无污染，达到社会经济生态效益协同发展目的的人工复合生态茶园（图6-7）。生态茶园是有机茶叶生产的重要载体和首选基地，是茶叶栽培发展的方向，也是实现茶业可持续发展的根本出路所在。

生态茶园建立，首先要重视茶园园地的选择。生态茶园的园地应尽量避开都市、工业区和交通要道，选择空气清新、水质纯净、土壤未受污染、生态环境良好、能满足茶树生长需要的园地或山地。园地空气、水质和土壤的各项污染物质的含量限值均应符合农业部行业标准 NY 5020—2001《无公害食品　茶叶产地环境条件》的要求。

图6-7　生态茶园一角

根据要求，地块要求立地条件好，交通方便，年平均气温13℃以上，绝对低温-3℃以上，绝对高温40℃以下，年活动积温5 000~6 000 ℃，年降水量1 000毫米，空气湿度70%以上，海拔在1 900米以下，茶园坡度在30°以下，具有灌溉条件；有效土层深厚疏松，耕作层比较厚，心土层和底土层稍紧而不实，土体结构良好，质地不过黏过沙，既能通气透水，又能保水蓄肥；酸性反应强烈，盐基含量适度，有机质和其他养分含量丰富，土壤 pH 值在 4.5 ~ 5.5；作为土壤肥力四因子的水、肥、气、热彼此协调，水源、空气无污染；园地背阴朝阳，云雾多，空气湿度大，散射光强，相对规模连片在500亩以上。

6.3.3 观光茶园

生态观光茶园作为生态观光农业中的一个新亮点，它把有机茶叶生产与茶文化旅游结合起来，通过茶文化的发掘发展观光茶业，使传统的茶叶生产过程转变为人类观赏与体验茶事活动的全新过程，使茶业具有生产和观光的双重属性，同时将农事活动和旅游休闲融为一体，实现第一产业和第三产业的跨越式对接（图6-8）。

以四川名山牛碾坪的生态观光茶园为例，了解一下生态观光茶园建设与功能。牛碾坪生态观光茶园主要是展现川西茶乡的特色，使游赏者充分体味茶文化气息，领略茶道精神，让游赏者有景可赏，有茶可品、有茶品可购、有茶史可读，采茶、制茶可切身体验，将茶园景观与中国茶文化融为一体。

图6-8 夹江天福观光茶园风景一角

比较突出的观光茶园还有夹江天福观光茶园、木栅观光茶园、昆明茶园和云顶山茶园等。

6.3.4 有机茶园

有机茶园，指按有机农业生产要求和有机方式种植，不使用化肥、化学农药、基因工程改良的品种茶园，所采收的鲜叶原料按有机茶生产加工技术规程加工，经独立的颁证机构颁证合格，并颁发有机茶证书的所有茶类的茶产品。符合如下标准：（NY 5196—2002）《有机茶》、（NY/T 5197—2002）《有机茶生产技术规程》、（NY/T 5198—2002）《有机茶加工技术规程》、（NY 5199—2002）《有机茶产地环境条件》。

有机茶园建设首先要有优良的生态环境质量。有机茶园是有机茶生产的基础，是采用与自然和生态法则相协调种植的茶园，其生产技术的应用强调使茶园的生态系统保持稳定性和可持续性。有机茶园可以是常规茶园的转换，也可以是荒芜茶园的改造恢复，或是新种植茶园。有机茶园必须符合生态环境质量，要求远离城市和工业区以及村庄与公路，防止城乡灰尘、废水、废气及过多人为活动给茶叶带来污染。茶地周围林木繁茂，具有生物多样性；空气清新，水质纯净；土壤未受污染，土质肥沃。具体要求：

（1）茶地的大气环境质量

应符合 GB 3095—1996《环境空气质量标准》中规定的一级标准的要求。

（2）茶地的灌溉水质量

应符合 GB 5084—1992《农田灌溉水质标准》中规定的旱作农田灌溉水质要求。

（3）茶地的土壤环境质量

应符合 GB 15618—1995《土壤环境质量标准》中规定的 I 类土壤环境质量，主要污染物的含量限值（毫克/千克）为：镉（Cd）≤0.20、汞（Hg）≤0.15、砷（As）≤15、铜（Cu）≤50、铅（Pb）≤35、铬（Cr）≤90。

6.4 国外茶园栽培概况

世界范围来看，茶树主要分布在南纬 33°以北和北纬 49°以南的地区，而在北纬 6°~22°之间分布最集中。世界种茶国家 60 多个，2010 年全球茶叶生产总量407万吨，而我国茶叶总产量为137万吨，占世界产量的33.7%，为世界第一大产茶国；印度96.6万吨，居世界第二，占全球茶叶总产量的23.8%；列第三至第十位国家及占比分别为：肯尼亚9.8%、斯里兰卡8.1%、越南3.9%、土耳其3.6%、印度尼西亚3.2%、阿根廷2.5%、日本2.3%、孟加拉1.5%。其中世界茶叶出口：2010年，中国17%、印度11%、肯尼亚26%、斯里兰卡17%、印度尼西亚6%、越南5%、其他18%。下面我们来了解一下，印度、肯尼亚、斯里兰卡及日本茶园栽培技术情况。

印度是世界上第二大产茶国（2004年），约占世界茶叶总产量的23.8%。从18世纪末开始种茶，分北印度（包括东北印度）和南印度两大茶区。全国在阿萨姆设有托克莱茶叶试验站。在印度，茶叶生产和销售受到政府高度重视和控制，政府把印度三大类茶——大吉岭、阿萨姆、尼尔吉里红茶作为国家的茶叶商标在国际上注册，有独特的标志，在世界范围内流通。茶叶商标得到很好的保护。凡种植经营这三种茶叶的企业要向国家申请备案，获得资格许可证，才能上市、出口。

斯里兰卡于1824年首次从中国引进茶籽种茶，全国22个区有11个区产茶，1980年茶园面积367万亩，产茶19.1万吨，茶园分布在海拔1 200米以上的占33%，600～1 200米的占35%，低山丘陵的占32%。全国主产红茶，其次是速溶茶。斯里兰卡每年生产约25万吨茶叶，茶的种植基地仅限于岛国的中央高地和南部低地，茶叶按生长的海拔不同分为三类，即高地茶、中段茶和低地茶。锡兰红茶的6个产区包括乌瓦、乌达普沙拉瓦、努瓦纳艾利、卢哈纳、坎迪、迪不拉等，各产地因海拔、气温、湿度的不同，均有不同特色。

肯尼亚1903年引进印度茶种开始种茶，1980年茶园面积114万亩，产茶89 500吨，大部分出口，红碎茶品质居世界各产茶国之首，茶园平均单产50千克以上，茶叶生产集中在5个省17个县，全国设有茶叶发展局，专管14万多个体户茶农的茶叶生产工作。在茶树栽培方面，全国已基本实现茶园良种化，茶园管理中重视施肥、修剪工作，采茶严格，坚持采摘一芽二叶的标准。

日本于公元805年从中国带去茶籽种植于日本贺滋县，现除北海道几县外，其余各都府县均产茶，以静冈县产茶为最多，约占全国总产量的一半；其次是鹿儿岛县，京都府为玉露茶和碾茶等传统名茶产地。茶园面积1980年为91万亩，产茶达10.2万吨，平均亩产达124.5千克，静冈县为153千克，是世界上产茶国家中最高的。日本主产绿茶，以普通煎茶为主，约占总产量的3/4；其次为番茶和玉露茶。

根据不同的加工工艺，茶叶可分为绿茶、红茶、青茶、黑茶、白茶、黄茶，而每个茶外形及内质等各具特色，具有不同风味品质。茶树根据不同形态特征进行分类，比如，树型、叶片大小和发芽迟早不同的茶树品种，在经济性状上亦存在显著差异。全国分四大茶区：即华南茶区、西南茶区、江南茶区和江北茶区，各个茶区有不同气候特征，以及品种、茶类分布特点。不同茶园类型，如生态茶园、观光茶园、有机茶园，在不同层次满足人民生活的需求。读了上面的文字你一定觉得一杯茶来之不易，让我们了解茶在人类生活中的每一个环节，以及它带给人类的更多物质和精神生活的享受。漫漫茶之路，体现了历史车轮推动下的人类文明的发展和科技的进步及社会进步之过程。

7 人间 “烟货”

火和盐的使用是人类饮食史上的两次革命。火的使用让人类告别了茹毛饮血的野性时代，步入了区别于其他动物饮食习性的新纪元。“因火成烟”，火与烟相伴相随，人们认识火的时候对“烟”也有一定关注。

“烟”字产生于三代时期，《泌阳县志》载：“三代以上无烟字”。据《说文解字》《康熙字典》《文字源流浅说》所记载的远古图形文、商甲骨文、周金鼎文里，都有“亜”、“煙”、“烟”、“菸”、“蔫”等大篆和小篆的单形与合形的字样。烟草在传播和发展的同时，几乎就与争议未曾分离。从几百年前开始，无论国王还是平民，政府还是民间，东方还是西方，就掀起过一波接一波反对烟草的浪潮。但是，依然也有人对其不能割舍，“历尽坎坷竟不老，辗转人间，名号英雄草。蜚语流言真不少，多情反被无情恼”。“食以疗饥饮解渴，二者缺一不生活。有非解渴非疗饥，竟未须臾离此物”（清·何其伟）。看得出来，在一部分人心目中，“人间烟货”比“人间烟火”都重要了。

如今，吸烟有害健康已成为绝大多数人的共识，控烟运动已成为世界范围的大潮流。虽然我们暂时还不能预测全面禁烟要花费多长时间，但是面对历史，我们可以肯定地说：烟草改变了历史，影响了全世界。

7.1 拆开历史的 “烟盒”

7.1.1 烟草的起源

人类学家把最初的吸烟者假设为一些像普罗米修斯一样有创造力的人，并且为这一文化史的里程碑设定了一个典型的情景：一位祖先正大步跨过他刚刚燃烧掉的森林的灰烬，突然，他被绊倒了，一头栽进了冒烟燃烧着的烟草丛里。虽然受了伤，但他却从这种燃烧的药草中得到了安慰，变得镇定了，在他身体恢复期间，他就养成了吸入烟草的习惯。

目前，人们普遍认为，最早使用烟草的是美洲人。在众多烟草起源的学说中，如“非洲说”“埃及说”“蒙古说”“中国说”等，由于这些学说大多缺乏完整的证据链，没有得到学界的广泛认同，人们普遍接受的还是南美说。

墨西哥南部恰帕思州倍伦克的一座神殿里一幅浮雕是人类迄今为止发现最早使用烟草的证据。这座浮雕建于公元432年，浮雕上画着一些叼着长烟管烟袋的玛雅人在举行祭祖典礼时，以管吹烟和吸烟的情景，头部还用烟叶裹着。另一个较早的发现是在美国亚利桑那州北部印第安人居住过的洞穴中，考古学家发现了遗留的烟草和烟斗中吸剩的烟灰，而这些遗物的年代大约在公元650年。

玛雅人崇尚烟草，现存的大量物品、古迹和文献等都表明，玛雅人是世界有吸烟纪录最早的民族，不管是神圣的宗教礼节，还是娱乐休闲，烟草都扮演着极其重要的角色。在被哥伦布发现之前，吸烟在美洲大陆已经是一种消遣、娱乐的活动了。玛雅人流传着关于远古吸烟者的细致描述，充满了神秘色彩，又反映了他们对烟草的发现及自如使用。遗憾的是，他们的文化过早地退出了历史舞台。当欧洲人发现他们的遗迹时，玛雅人留下的那些城镇已经荒芜了500多年了。

1920年，著名植物学家、生物遗传学家瓦维洛夫曾组织了一支宏大的植物采集队，在生态环境各不相同的地区考察了近200次，走遍五大洲，对世界植物资源做了空前广泛的考察和搜集整理。他利用采集到的30余万份作物及其近缘种的标本和种子，对植物的进化、分类、遗传、地理等学科进行了综合研究，提出了“作物起源中心学说”，并明确指出，烟草的“起源中心”也就是一个物种的基因起源和最初种植地的交汇处，位于秘鲁和厄瓜多尔的安第斯。这也为支持“南美说”者提供了主要的证据：作物起源中心学说中作物起源的地理分布指向、历史史料与考古方面证据、南美自身的气候条件。

近几年，我国和丹麦两国科学家破解了4 000年前人类基因组。该研究证明，在现代美洲原著居民迁徙到美洲之前，还有更早的一批亚洲人经西伯利亚迁徙到美洲。他们的后裔可能创造了玛雅文明，并发现了烟草。

我国云南阿昌族群众至今仍流传着这样的传说（据《中国烟草起源评说》）：“很久以前，有母女俩，生活清贫，相依为命。女儿刚长大成人，母亲就过世了。女儿在母亲的坟上哭得昏死过去。三天三夜之后，当她醒来，发现母亲的坟上长出了一棵烟树，水灵灵的烟叶散发出甜甜的清香。这时，姑娘嗓子干渴难忍，便伸手摘下一片烟叶放嘴里咀嚼着，味香甜香甜的，顿时疲劳没有了，愁闷也消失了。从此，她每当看到哪里有烟树，就情不自禁地想起母亲坟上烟草香甜的滋味，总是扯下一叶嚼一嚼。伙伴们见她嚼得津津有味，也跟着学了起来。于是，阿昌族妇女嚼烟的人越来越多了，这也成了她们驱除疲劳、消愁解闷的好方法，以至成了嗜好。”

清人刘廷玑在《在园杂志》中也有类似的传说记载，诸如此类的传说在我国应该还有很多，由于这些传说没有具体的年代可查，也缺乏有力的相关证据，故不能说明我国也是烟草种植和吸食的发源地之一，但并不排除有这种可能。

7.1.2 烟草的吸食历史

人类吸食烟草的历史，最早可以追溯到远古时代，即原始社会时期。考古学家在南美洲发掘出来的烟草种子属于 3 500 年前的物种，由此证明，人类在那个时期就已经有了种植烟草和吸食烟草的行为。

在中南美洲，远古时代的吸烟者，把熏制好的烟草裹在芭蕉叶或玉米皮里来吸。部落里的巫师们用烟草来治病和祈福，他们把烟草当作一种食物，用以滋养、引导他们的灵魂。巫师们认为，通过启蒙仪式可以进入灵魂世界，灵魂得到烟草的滋润，从而产生治愈疾病、驱除灾害的魔力。

考古发现，公元前 10 世纪以前，北美大陆已经有了烟草。当时，印第安人常常会随身携带三件物品：水囊、弓箭和烟枪。美国亚利桑那州帕布罗城北部印第安人居住过的洞穴里，考古学家发现了公元 650 年前遗留下来的烟草和烟斗及烟斗中吸剩的烟丝。另外，在北印第安人的部落中，也发现了早期烟缸的雏形。这些表明，当时美洲大陆上的印第安人中的吸烟者已经有了使用烟斗、烟灰缸的习惯。烟草汁液灌肠也是巫师驱魔治病的一种绝活。他们把动物的膀胱和皮做成球形，用一段空心芦苇或兽骨做导管，经过肛门，把烟草汁液灌入肠道，以去魔杀毒。这样做既可药用，又有宗教目的。阿瓜拉纳部落就经常使用这种肛门灌肠方式，使土著们不遭受美洲虎等野兽和蛇、虫、毒蝎的攻击、袭扰。

1492 年，哥伦布把烟草从美洲带回欧洲（图 7－1）。开始的时候，王侯贵族们竞相种植烟草只为观赏。

图 7－1　哥伦布时期的吸烟者

1666 年，英国伦敦发生了大瘟疫，烟草被当作预防和治疗瘟疫的药品。这期间，满城男女老少都在寻觅烟草，大小学生个个吞云吐雾，吸食这种救命之药以抵御瘟疫。当时的英国社会，吸烟如潮水般泛滥。伊丽莎白王朝的好事者很快发明了一整套“吸烟式礼节”来对应这阵吸烟风潮。

与此同时，英国的纨绔子弟纳仕，也在开另一种风气之先：吸鼻烟。他一开头，鼻烟也开始时髦，一大群人跟在身后，仿而效之。

在亚洲，自烟草传入日本，日本人也开始喜欢上了这种植物。武士们组成了吸烟俱乐部。他们随身带着高雅的装饰华丽的银质烟斗，把烟斗捆在背部，或者塞进和服，或者放在他们的武士刀或宝剑旁边。

在波斯，吸烟的人习惯在吸烟室里慢慢享受和消遣。在亚洲的吸烟者之中，流传着许多神奇的传说。马来西亚人至今仍然相信烟草原产于中国，是龙和蛇交媾而生的灵物。当托雷斯岛的居民们被问及何处是烟草的原产地时，他们会不约而同地指向北方。在越南，当年中国商人把烟草出口到西贡时，会把烟草事先染成红色，告诉越南人这是使人成功的“神草”，会对他们的健康有益。当中国烟商把烟草作为有特效的药草出售给缅甸人时，缅甸人不分男女都迷恋上了这种植物。缅甸妇女甚至用烟草汁和奶汁一起哺乳孩子们，并且相信这样喂养的婴儿会茁壮成长，强健有力。在一些山区里，这一哺乳方式沿袭至今。

1832 年，埃及一个士兵闲时偶然发明了喇叭状卷烟。后经欧洲半岛战争和克里米亚战争推动传播，至 19 世纪 80 年代已出现机器化生产的成品卷烟，而且卷烟也成为寻常百姓的消费品。

中国人以前多吸旱烟、水烟。清人沈赤然说：“崇祯初重法禁之不止，末年遂遍地种矣。余儿时见食此者尚少，迨二十年后，男女老少，无不手一管，腰一囊。”由于吸烟的人越来越多，到了崇祯末年，“遍地栽种，虽三尺童子，莫不食烟，风俗顿改”。清末马建忠撰文曰：“水烟，旱烟，饥不可粟，寒不可衣，前明本在例禁。近日吸者，不论男女，十有六七。”

在清代，吸食鼻烟者流行于当时社会。鼻烟初传入时，有“西腊”“士那”或“士那乎”等称呼，宫廷及上层社会很有好感，把闻鼻烟视为高雅之举。一时间，上自公卿大夫，下至贩夫走卒与放牛娃儿，无不竞相吸用。

另外，清代的吸烟浪潮涌进了闺房秀阁。广大妇女吸烟者日众，特别是江南，妇女吸烟人数尤多。《广新闻》云：“闺阁中亦手执烟袋，呼吸无忌”。一士作诗咏之：“宝奁数得买花钱，象管雕镂佑十千。近日高唐增妾梦，为云为雨复为烟。乌丝袅袅细于绵，点点微樱红欲然。差拟海裳初雨后，凝脂和粉泣朝烟。”我国西南苗族妇女也嗜者如云。“云南十八怪”中，就有名句“大闺女口里叼着旱烟袋”的风传。

7.1.3 烟草在世界的传播

烟草的传播正如烟气的飘散，不动声色、恣意扩散、无孔不入，偶遇阻拦也能迂回前进。

1496年哥伦布将烟草的种子带回西班牙，烟草被当成观赏植物，开始了在欧洲皇室花园的新生活。一时间，朝臣们纷纷效仿。各国的国王们也要求大使从别国获取烟草种子。仅仅凭借美丽的外观，烟草就在欧洲的土地上繁茂地生长起来。1497年，哥伦布船队里一名叫潘尼的船员出版了《个人经历谭》一书，这成为介绍欧洲人吸烟最早的著作。也有传言说哥伦布的水手西班牙人罗德里戈·德·赫雷斯在探险中学古巴土著人吸烟上了瘾，回国后，仍继续吸烟。他的邻居看到从他的嘴里往外吐烟，惊恐万分，将他告上宗教法庭，赫雷斯被判监禁，成为有记载的最早的因吸烟获罪的人。

1502年，南美印第安人咀嚼烟草的习俗，传入西班牙。第二年，西班牙修道士帕内随哥伦布第二次探险时，发现印第安人用一根细管吸闻烟末（即原始鼻烟）。吸食鼻烟开始在皇室达官贵人等上流社会流行，经过多年的种植以后，烟草才从皇室开始走向民间，至1530年，西班牙人把种植烟草扩展到海地。这时，葡萄牙人开始在巴西试种烟草。1535年，西班牙人在西印度种植烟草，1541年，印第安人酋长班杜卡应邀在古巴哈瓦那给欧洲人迪米特鲁·皮拉第一次传授制作雪茄的技术。

1543年，西班牙探险船队沿着当年的麦哲伦航线，入侵菲律宾，烟草随之传入菲律宾。

1556年，一位叫安德烈·热维特的传教士把烟种带到法国并开始种植。几乎同时，葡萄牙水手高斯从美洲航海归来，把烟草带入葡萄牙，并在里斯本皇家花园里种植。之后，烟草大规模传入欧洲。

在烟草传播过程中，一个叫让·尼古特的法国人在烟草史上绘出了重重的一笔。那时人们逐渐发现了烟草的毒性、麻醉作用和其他药用功能，1561年在葡萄牙的里斯本的尼古特，发现美洲植物与欧洲的差异后，对烟草的观赏和药用作用非常感兴趣。他通过栽种和研究，对烟草的药物实验取得了突破性的进展。相传，葡萄牙当时盛传烟草不仅能治疗疾病，而且具有作为抗癌药物的潜力。尼古特将烟种和烟叶送到法国王后凯瑟琳·德·梅迪奇那里，并附上一封含有烟草效力证明的信件，建议她把烟细末作鼻烟来治头痛病。凯瑟琳王后钟情于“炼金术”“魔法”等迷信，故非常乐意地接受了这新奇而有效的药草。随后，上至宫廷达官贵族，下至寻常百姓，纷纷效仿吸鼻烟，“尼古特的药草”迅速传开。后人为纪念尼古特，把烟草内具有药理作用的植物碱命名为“尼古丁”。

1565年，塞维利亚的一位医生尼古拉·蒙纳第在书中列举了烟草治疗功效的例子，还谈到烟草对动物治疗的功效。同年，荷兰商人把烟草传往德国。12年后，德国著名博物学家吉斯尼尔发表了他的医药信札，介绍他对不同来源烟草样品的试验和观察。1568年，奥地利、匈牙利等国也开始种植烟草。1572年，法国开始大规模种植烟草。

1599年，葡萄牙商人把烟草传到了印度。6年后，印度在德克恩引种烟草，获得成功后即大规模种植烟草，成为主要产烟国。以后百余年间，烟草的种植和运输，几乎成了国际性的贸易。随着烟草大规模的传播，范围逐渐扩大到意大利、德国、挪威、瑞典、俄国、波斯、印度、印度尼西亚、土耳其、菲律宾、日本、中国及非洲西海岸。非洲西海岸的土著人认识烟草显然是与西班牙、葡萄牙两国商人和奴隶贩子有关。他们从那里把黑人当奴隶贩卖到美洲，通过商船队经营沙金和其他货物时，便将烟草用法、种植技能等从西海岸带回了非洲。据史料记载，16世纪期间，烟草栽培业已在非洲开始，到了17世纪初，在冈比亚河沿岸就能很容易得到烟草。随后不久，荷兰船员经过东印度航线将烟草传入南非，当地土著人也开始种植烟草了。16世纪末至17世纪初，土耳其人把烟草带到了埃及和北非诸国。

在烟草的传播过程中，可以说，通往美洲航道的开通无疑起着烟草传播的决定性作用，自此烟草的传播有了通往世界的桥梁，烟草的传播史也掀起了崭新而波澜壮阔的一页。当时的人们根本无法想象，这种生长在地球一隅的、长着碧绿的长叶子的植物，忽如一夜春风，便遍布了地球的角角落落，成了人间最富有生命力的风景，成为人类爱恨交加、难以割舍的一部分。

7.1.4 在中国的传播

明人姚旅的《露书》，明末张介宾的《景岳全书》，杨士聪的《玉堂荟记》和谈迁的《枣林杂相》是我国较早记载烟草的文献资料。其中《露书》记载“吕宋出一草，曰淡巴菰——名曰醺。以火烧一头，以一头向口，烟气从管中向喉，能令人醉，且可避瘴气。有人携漳州种之，今反多于吕宋，载入其国售之”，这是关于烟草在我国传播较早的文献记录。

现代史学界记载最早且最具代表性的是明史专家吴晗写于1959年的《谈烟草》。他认为，烟草在明万历年间（1573—1620），传入我国福建省东南沿海的漳州和泉州一带。对于烟草的研究，吴晗先生的研究成果被后人多次使用和引用。

但是近些年来一些研究烟草史的学者对这种看法提出了异议，认为烟草应该早于万历而在正德、嘉靖年间（1506—1566）传入我国。据1980年12月广西博物馆的考古发现，在合浦县福成乡上窑村的一座明代的斜坡式龙窑遗址，发现三件瓷烟斗。这是迄今为止我国发现最早的烟斗实物。

另据最近的文献报道，明朝郑和多次下西洋的时间是1405～1433年。根据其航海路线图的记载，郑和于1421年到达美洲，比哥伦布到美洲（1492年）早71年。如果属实，郑和把烟草种子带回中国的时间比哥伦布把烟草种子带回欧洲的时间要早，那么，中国烟草种植的时间就有可能是从1421年开始。

对于烟草传入我国的路径，当前大多数学者认为有四条路线：吕宋台湾线、南洋广东线、朝鲜辽东线和俄国新疆线。

第一条路线始于明万历年间，自南方的闽、广之间输入，经吴、楚（今江苏、湖北）等地，纷纷移植过去。国外大本营是菲律宾，中转站是台湾。其中福建漳州又是“第一线”上的“第一站”。

第二条路线始于明代天启年间（1626—1627），是从南洋一带进入广东境内，再往北传。又有一种记载更指明：来自大西洋烟草，由越南直达广东。

第三条路线则是从北方传入，由日本到达朝鲜，再转辽东半岛。这条路线传入时间与前两条并行，即明万历至天启年间。其时，大清已建都沈阳，清太宗曾下令严禁贩卖种植。所以，起初是大量传入北方，有人吸食，而种植者却极少；在南方两条线路上，却是种植烟草的人大大多于吸食者。

最后一条路线是从俄国传入新疆。时间稍晚于前三条线路，肇始于18世纪下半叶，兴旺于20世纪初。《新疆农业》记载：新疆所产之烟，系黄花烟，又名莫合烟，以伊犁为著。烟草由此四条路线传入中国，加之烟草传入后，各地的栽培与本地风俗、口味融合在一起，于是便一下子铺开，以至遍布中国，贻患后世。

明末清初，全国的吸烟之风，已达到“三尺之童，无不吸烟”的地步。人数众多的吸烟者中，有些人对吸烟达到痴迷的地步，甚至潜心操练吸烟的技艺。在张潮的《虞初新志》里有这样的描写：有一位在别人家里做幕僚的人，吃住许久也没有献出一技，后来临走了，却说自己有绝技。大家都不相信。只见他一口气吸入几斤烟后，徐徐吐出“或山水楼阁，或为人物，或为花木禽兽，如蜃楼海市，莫可名状”，众人无不感慨万分。

7.1.5 烟草传播的原因

(1) 烟草的药物作用

烟草从美洲向欧洲传播的初期，科学还不太发达，人类并未长寿到足以发现烟草的坏处，却发现了吸烟的一些杀虫、灭菌和防治疾病的功能，甚至把烟当作药物。人们在阴暗潮湿之处，用吸烟预防寒湿病症；在寒冷侵袭之时，用吸烟活血御冷；在疲乏劳累之际，用吸烟缓解倦意。吃了不洁的食物，用吸烟消毒；情绪不畅快时，用吸烟可解郁；胃脘胀满时，用吸烟解除恶心，甚至还用烟草对付一些传染病，如伤寒、疟疾、流感、肺炎等。

相传，1665 年英国伦敦鼠疫猖獗，染病者死亡者为数不少，可是，吸烟者中却很少有人染病，且大多数染病者安然度过了这一传染病流行的黑暗时期。人们在总结这次灭疫治病的种种有效手段时，有人发现了上述平时不为人注意的现象，知道吸烟具有一定的杀菌作用。于是伦敦当局规定，学习中的男女学生必须在教室中抽烟，违者受罚。大约 100 年以后，德国曾经出现过一次霍乱和一次伤寒暴发。很多工厂都有一些工人相互传染而得病，可两次都发现卷烟厂的工人中很少受传染。人们由此愈发相信烟草有一定的防疫作用。

第一次世界大战前夕，法国科学家迪柏马洪曾做过一次关于流行性脑膜炎在军队中传播与预防的调查。其中一项结果显示：未被传染的士兵中有 94% 是吸烟者，已被传染的士兵中有 75% 是不吸烟或只是偶尔吸烟者。这说明，吸烟对流行性脑膜炎有一定的抑制作用。今天的人们已经清楚，烟草确实有杀虫防疫的作用。但是在杀虫的同时，也在危害吸烟者及周围人的健康。今天的吸烟者中可能很难找到有人以杀菌防疫为目的了。不置可否的是，烟草的药物作用正是助长烟草在全世界传播的重要原因。

(2) 宗教与民族因素

对印第安人来说，烟草是人与神之间的桥梁。据考古研究显示，烟草最早起源是在犹加敦半岛，在公元 1000 年的玛雅神庙上，就有祭司用烟斗抽着烟草的雕刻，此外，阿兹特克出土的公元 1000 年的一片陶片上，也有着一位抽着雪茄的男子的图像。在许多北美印第安人的神话中，烟草都有着极重要的地位，想必是由于抽烟后引起的晕眩陶醉感，被当成是一种与神沟通接触的方式。而在我国的独龙族，也有着自己悠久的烟俗和吸食文化。独龙族有句俗话："缺烟随后就缺粮，烟是粮食的影子，影子没有了，身子也会慢慢融化。"独龙族村寨房前屋后，田边地角都栽有烟草，烟是独龙族人不可缺少的物种。"一天不吸烟，气短体又奄；两天不吸烟，卧床难入眠；三天不吸烟，眼翻脚朝天。"说的是独龙族老人对烟草的吸食，已到了任何食物都无法替代的现实状况。

（3）社会文化方面

15 世纪末 16 世纪初，欧洲正处于"忧虑重重的时代"。在那个现代意识萌生的年代，书籍印刷被发明和普及，新大陆被发现，理性科学方法得到发展，但是，自中世纪以来的神学信仰逐步丧失。在这种情况下，整个社会产生了一种普遍的焦虑。其次，在西方文化意识里，欧洲的世界中心地位不可动摇，然而，哥伦布却在与他们毗邻的地方发现了一个伟大的未知世界，这个无可辩驳的事实引起了整个欧洲文化意识的焦虑。烟草也就是在这个时候被引入欧洲，可以说，哥伦布从新大陆捎带回来的烟草正是对焦虑的一种解毒剂。它带给人们精神上的荒谬体验、辛辣的口味以及并不愉悦的快感，被现代文明狂热地吸纳，并以极大的热忱迅速扩散到欧洲大陆的每一个角落并波及亚洲。对烟的传播有重大贡献的，当数西班牙和葡萄牙。西班牙人不仅首先栽种烟草，同时还从西印度和墨西哥那里把学来的雪茄和烟斗传到了欧洲。葡萄牙人则是把吸烟习惯带给了世界各地的传播者。

（4）卷烟的生产引起了吸烟方式的革命

与传统的抽烟方式相比，卷烟有价廉物美、方便使用的特点，所以，卷烟很快成为中、下层人士们满足嗜好的一条简单的途径，吸烟人群飞速增长和扩大。1853 ~ 1856 年，克里米亚战争期间，俄国大量士兵用炮弹纸卷烟丝抽吸。1914 ~ 1918 年期间，第一次世界大战使吸烟之风遍及世界各国，吸烟人群扩大，人数增长，规模空前。纸卷烟的大量出现，把以前只有富人才能享用的高档烟制品，一下子变成了一般平民大众也能承受的廉价商品。这使吸烟人群更多更普及，卷烟也就成了人民大众日常生活中不可或缺的必需品。1941 ~ 1945 年，第二次世界大战期间和战后，美军遍布欧亚各国，美式混合型卷烟充斥着欧亚市场，造就了一批接一批的新生烟民。可以认为，世界大战使吸烟人群达到了高峰。

（5）卷烟厂商的广告进一步增加了烟草的诱惑力

大量的美女烟标，有吸烟行为的影视镜头，甚至于歌曲，都有力助推了烟草的蔓延（图7-2）。1936年，美国全国的杂志刊登香烟广告，以健康要求为特色：“越来越多的医生都吸骆驼牌香烟。”这掀起了新一轮的吸烟人群猛增的高潮。

图7-2　充满诱惑的烟草广告

7.1.6　近代烟事

1889年，美国人菲里斯克带着“品海”牌10支装香烟到上海试销，受到上海人的追捧。1891年，由美商投资兴办的“美商老晋隆洋行卷烟厂”于天津成立，这也是我国境内最早创办的卷烟厂。1899年，广东商人在湖北宜昌开办了我国最早的民族资本的卷烟厂——湖北宜昌茂大卷烟制造所，由此拉开了烟草作为商品在近代中国的发展史。

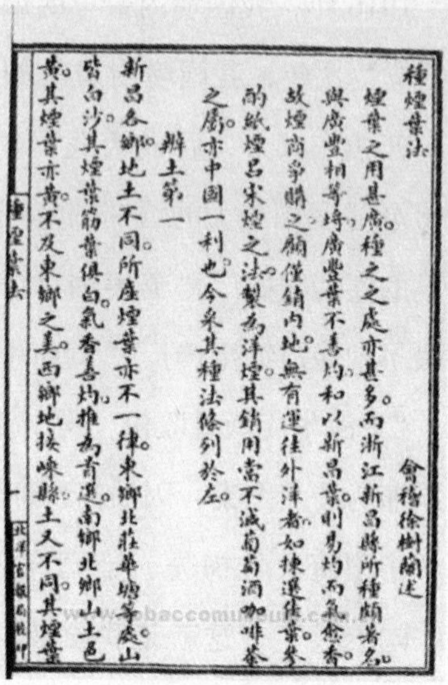

種煙葉法　會稽徐樹蘭述

煙葉之用甚廣。種之之處亦甚多。而浙江新昌縣所種頗著名。與廣豐相等埒。廣豐葉不甚均和。以新昌葉則易均。而氣徐香。故煙商爭購之。僅銷內地。無有運往外洋者。如揀選佳葉。參酌紙煙呂宋煙之法。製為洋煙。其銷用當不減葡萄酒咖啡茶之屬。亦中國一利也。今衆其種法條列於左。

辨土第一

新昌各鄉地土不同。所產煙葉亦不一律。東鄉北莊華塢等處山皆白沙。其煙葉筋葉俱白。氣香易均。推為青選。南鄉北鄉山土色黃。其煙葉亦黃。不及東鄉之美。西鄉地接嵊縣。土又不同。其煙葉

图7-3　徐树兰写的《种烟叶法》

1900年，“北洋营报局”出版了绍兴人徐树兰写的《种烟叶法》（图7-3），介绍了“新昌烟叶”的种植方法，并于台湾省开始种植。到1902年，我国最早的民族资本的机制卷烟厂“北洋烟草公司”由清朝直隶政府和天津、北京商人集资创办于天津，并自行生产了我国最早的卷烟品牌——“龙球”牌香烟。

1903年，“英美烟草公司”来华设厂，就地产销卷烟。次年，清政府“庆亲

王”复函英使，同意英美烟草公司在华制造的卷烟按烟丝计税（每千克付关银 0.45 两）。此函即所谓的“庆亲王合约”。“庆亲王合约”签订后的第一年，也就是1905年，简照南、简玉阶两兄弟，以10万元港币的资本额在香港筹建了“南洋烟草公司”，并于1909年移师上海，改名为“南洋兄弟烟草公司”，并推出了“飞马”“飞艇”牌香烟。

1913年，“英美烟草公司”在我国山东潍坊、安徽凤阳、河南邓县试种美种烤烟取得成功。在美国旧金山举办的“庆贺巴拿马运河通行万国博览会”上，中国烟叶“黄风晒烟”展出并获得了金奖。

1915年，北洋政府颁布了《全国烟酒公卖暂行简章》和《烟酒公卖栈组织法》，设立了“全国烟酒公卖局”，各省设立相同机构，由国家公卖机构酌定公卖价格，通告各地执行，公卖收入归属中央财政。这实际上就是我国第一次烟草专卖，为“中国卷烟工业”和“烟草专卖事业”奠定了基础，在中国烟草发展史上也占有重要的地位。

1916年，我国境内最早的烟草机械厂“英美烟草公司浦东厂铜匠间”于上海成立。次年，我国境内最早的烟叶复烤厂“英美烟草公司山东二十里铺烤烟厂”于山东兴办，后成为我国最大的烟叶复烤厂“山东省潍坊烟叶复烤厂”。1918年，我国最大的雪茄烟生产厂“四川省什邡烟厂”诞生。次年，我国境内最早的卷烟印刷厂“英美烟草公司浦东印刷厂”于上海创立。1922年，我国境内最早的锡箔纸生产厂“英商中国包装品有限公司浦东厂”于上海成立。1925年，“上海华成烟草股份公司”生产的“美丽”牌香烟，以上海一走红戏剧女演员剧照为装潢图案，因质高价廉而名声大噪，成为我国近代最有名的卷烟品牌。

中国商人竺梅先、金润痒于1927年购进“嘉兴禾丰造纸厂”，并改名为“民丰造纸厂”，这就是我国最早的卷烟纸生产厂。同年，中国生产的烟叶“黄风晒烟”于太平洋博览会再次获得金奖。

1942年，国民政府颁布《战时烟类专卖暂行条例》，这是中国对烟类实行专卖的第一部正式法规。条例规定，烟类专卖的范围为纸卷烟、雪茄烟、烤烟及其他用机制或仿机制的烟类和卷烟用纸。条例除确定政府专卖权外，对产制运销，政府仅采取管制政策，其他仍系民产，商运，商销，并于重庆成立了我国第一个真正意义上的烟草专卖局。

1950年，由“中华烟草公司”生产的“中华”牌卷烟诞生，该品牌包装盒以庄严和崇高的天安门和华表为标志，此后一直成为“国烟”的象征。1956年，“白肋烟”在我国山东、湖北、广东、河北、河南、四川等省开始广泛种植。在1950年，由“南京卷烟厂”生产的“洋金花”牌香烟成为我国最早的“药物烟”。

1963年，“中国烟草工业公司”正式成立，并对烟草实行高度集中统一管理，卷烟生产和烟叶收购、复烤、调拨，分配统一经营，产供合一。

1979年，国务院批准公布了《关于宣传吸烟有害与控制吸烟的通知》，表明了我国政府对于控制吸烟问题的政策和立场。1982年，原中国轻工业部决定成立中国烟草总公司，实行产供销、人财物的集中统一管理，从而正式确定了烟草专卖和集中管理体制。1983年成立国家烟草专卖局。1984年，中国国家工商行政管理局决定，禁止以一切宣传工作和宣传方式给销售香烟做广告。同年，“中国烟草总公司”正式加入世界烟草科学研究合作中心。1991年7月，中国第七届全国人民代表大会常务委员会第二十次会议通过了《中华人民共和国烟草专卖法》。1997年7月3日，颁发《中华人民共和国烟草专卖法实施条例》。同年8月，第十届世界烟草或健康大会在北京召开。至此，近代中国烟草发展的历史告一段落。

7.2 烟草制品

自哥伦布以后，经过多年的演变，消费烟草的形式已由吸烟、鼻烟和嚼烟三种主要方式发展为以卷烟为主，雪茄和斗烟为辅，鼻烟和嚼烟只占很小的比例了。

7.2.1 卷烟

卷烟也称纸烟，以加工过的烟叶为原料，用纸卷制而成，是烟草制品中主要的品种。根据香气特征和吸味风格来划分，卷烟产品的类型可以划分为烤烟型、混合型、雪茄型、外香型、新混合型、香料型和深色烟型七大类型，我们这里简要介绍前几种。

烤烟型卷烟配方特点是全部或大部分为烤烟烟叶，也可少量使用类似烤烟香气的晒烟和芳香性香料烟。该类型具有明显的烤烟香味，香气清雅或浓郁，吸味醇和，烟碱含量适中，劲头相对较低。烟丝颜色以橘黄色和金黄色为主。

混合型卷烟配方特点是使用优质烤烟、质量上乘的白肋烟、优质香料烟，以及马里兰烟做原料。烟丝颜色以棕褐、棕红色为主。烟气特征具有烤烟和晾晒烟混合协调的香味，香气浓郁、细腻，吸味醇厚、饱满，余味干净，舒适。又因其经济性和安全性而广为流行，目前是国际市场份额最大的一种主导产品。

外香型卷烟以外加香味为主，基本不显示出烟香，因此选烟叶时主要选烟叶浓度劲头适合即可，对烟香要求不严，仅要求与外加香协调即可，所用烟叶等级较低。外香的添加赋予卷烟独特新颖的外加香味，能满足部分消费者的需要，如国际著名的“丁香烟”、“薄荷烟”，我国的“凤凰烟”、“人参烟”等。

雪茄型卷烟的突出特点是燃吸时具有类似檀木香的雪茄烟香气，香味浓郁细腻，劲头较强。配方主要来源于雪茄型烟和其他晾晒烟，或少量掺入烤烟上部叶。制造方法按一般的卷烟规格卷制和接装滤嘴，卷制多用棕色纸。

新混合型卷烟是我国20世纪50~60年代独创的卷烟类型，过去称疗效烟或药物烟，也有人建议称加药烟。其主要特点是加入一定中草药，使有效的中草药成分随烟气进入呼吸系统，以抵抗烟气中有害成分的危害，且对某些疾病具有缓解症状、辅助治疗和预防作用。使用的中草药有一定的香味和药味。原料配方常用混合型和烤烟型配方结构，但以混合型结构为好，这样有利于控制烟气焦油量，可以提高安全性。

7.2.2 雪茄

雪茄烟是用烟叶来卷制的卷烟，多用深色晾晒烟为原料（图7-4）。其烟碱含量高、焦油含量少，香气浓郁。吸食时，吸烟者生理满足感强，但燃烧性不如一般卷烟。目前的雪茄烟由于原料所限，已很少使用天然烟叶做内包皮了，就连很考究的外包皮也渐渐为再造烟叶所替代，而烟芯也不全

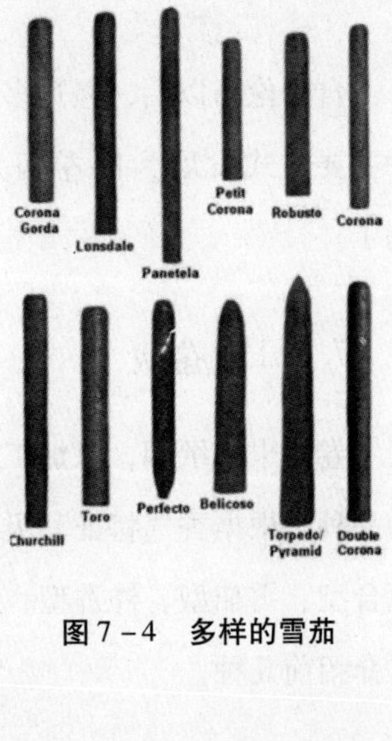

图7-4 多样的雪茄

部是深色晾晒烟而是混有少量浅色烟。世界雪茄产量以美国最多，另外德国、荷兰和巴西等国产销量也很大。我国雪茄烟生产以四川什邡、新都等地为主，其他省份也有少量生产。

7.2.3 嚼烟和鼻烟

嚼烟是一种直接放在口腔内口嚼的烟草制品。目前嚼烟生产原料主要是去梗的深色烟、白肋烟、烤烟和明火烤烟。加料物质以糖和朗姆酒为主，有时也加入甘草等物。其制作方法是：将喷过香料的烟叶压制成芯，外面用面粉包裹，再涂上橄榄油，制成饼状、卷状或条状。19 世纪时，嚼烟曾流行于西方国家，在亚洲主要是吃槟榔子和胡椒叶的地区使用，如印度、缅甸、马来西亚等地，现已衰退，被卷烟替代。目前主要用于不宜点明火的地方，如矿井、林区、飞艇等。生产较多的国家是美国、阿根廷、巴基斯坦等。

鼻烟又称闻烟，是一种用鼻孔嗅吸的粉末状烟草制品。所用原料主要是明火烤烟和深色晾烟，原料经过发酵、烘干、粉碎、过筛制成粉末。所用香料主要有茉莉、玫瑰、薄荷、樟脑等物。目前我国上海、四川还有少量生产，主要销往青藏高原少数民族地区。国外则以美国、南非和阿尔及利亚等地使用较多。

7.2.4 斗烟

斗烟是专供烟斗吸用的烟草制品，其原料主要是晒烟、晾烟及烤烟。从工业斗烟来讲，其特点是香气芬芳、吃味浓厚、燃烧性好、颜色较深。生产过程中重视加香加料，而且加香加料都很重。

7.2.5 水烟

水烟是一种专用水烟工具吸用的烟草制品，它以特殊加工的晾晒烟做为原料。在兰州则以黄花烟做原料，去梗后加入相当数量的植物油，再加工成很细的烟丝。吸水烟的方式比较特殊，点燃烟草产生的烟气，经水过滤后才吸入口腔，可大大降低烟气中有害物质含量。从吸烟与健康的角度来讲，吸水烟比较安全。我国历史上负有盛名的水烟是福建的皮丝烟、山西的青条烟和兰州水烟（图7－5、）。

图 7－5　精致的水烟壶

7.2.6　新型的烟草制品

上述烟草制品类型的主要原料是实实在在的烟草，而随着人们需求和喜好的扩展，市面上还出现了一些新型烟，或不以烟叶为主要原材料的烟草衍生产品，如比迪烟和花烟，或不需燃烧、基本无焦油，仅提供尼古丁的新型烟草制品，如湿鼻烟（口含烟、Snus、Snuff）、电子尼古丁传输系统（电子烟）、低温卷烟（加热、不加热）、口服尼古丁替代品（含烟草、不含烟草）等。

比迪烟（Bidis 或 Beedies），也称为印度雪茄。它是一种廉价的、不带过滤嘴的印度产香烟，这种烟含有唐迪叶，比商业化的香烟所含的烟草成分少。它和其他地方用纸卷香烟的最大区别就在于它是用叶子，而不是卷烟纸卷的。烟蒂部分通常用一条线绑着。目前流行于南亚的印度和斯里兰卡以及中东阿拉伯地区。因为价格便宜的关系，比迪烟的使用量在这些地区远远超过其他的吸烟方式。比如在 2008 年，比迪烟占了印度烟草消费的 48%。比迪烟可分为晒烟型比迪烟、草药型比迪烟和香味型比迪烟。这些烟都是用唐迪叶替代卷烟纸卷制的。

花烟，就像有些以茶命名的饮料并不含有茶叶一样，花烟是在小圆卷纸筒中填充植物的花瓣叶子或根茎等供人们吸食的烟。吸食时，点燃一端，里面的填充物经过闷烧作用，即可通过另外一端吸食入口。现代工艺生产的花烟往往都对原料填充物进行了干燥粉碎浆化处理，并且采用了现代过滤嘴技术。在外形上，花烟和市场上常见的香烟一样，主要区别则是内部填充物的不同：花烟是以烟叶以外的其余植物（花卉为主）作为填充物；而香烟则是以烟叶作为主要填充物。花烟在严格意义上是整体不容许含有任何烟叶成分的（包括外包叶和内部填充物）。

电子烟，又名虚拟香烟、电子雾化器，主要用于戒烟和替代香烟（图7－6）。电子烟最早由中国人发明与制造。世界约90%的电子烟由中国制造，全球市场超过10亿美元。最近几年国外市场逐步进入饱和状态，年增速12.8%左右，而国内市场快速增长，增速为17.1%。2011年国内市场约15亿人民币，预计2016年将达到35亿人民币。

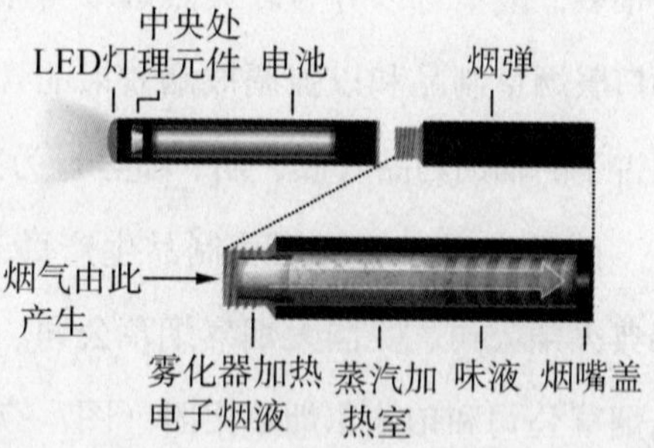

图7－6 电子烟结构示意图

它有着与香烟一样的外观、与香烟近似的味道，甚至比一般香烟的口味要多出很多，也像香烟一样能吸出烟、吸出味道跟感觉来。其最大的特点就是只装有经过医学合成的人工烟碱，保留了卷烟的滋味及提神效果，但不含焦油等有害物质。电子烟采用国际上最通用的尼古丁替代疗法，逐步降低抽烟者的尼古丁吸入量。即使最高浓度的尼古丁含量也只有普通香烟的1/3，这样就能避免对电子烟产生依赖。据不完全统计，电子烟应该是现在尼古丁替代疗法各种产品中戒烟成功率最高的，它除了采用尼古丁替代疗法，还有一个最大优势，就是不改变抽烟本人的习惯性动作，满足抽烟者的嘴瘾，这是非常重要的。因为很大一部分烟民，就是摆脱不了这种习惯动作，才一直不能戒烟成功。

湿鼻烟（口含烟、Snus、Snuff），是最主流的无烟气烟草制品形式，市场即将接近和超过雪茄烟。湿鼻烟是一种湿或者半湿的粉末烟草制品，包装在一个类似茶叶袋、但比茶叶袋小的烟袋里，放在嘴唇后面与牙龈之间，可停留半小时至一小时。最主要的市场是美国和瑞典。郑州烟草研究院已经开发了相应的试验产品。上海烟草集团真正以Snus为突破点，储备产品技术和标准。全面开展Snus产品法律法规、市场需求、产品策划、产品设计、原料配方、制作工艺、质量评价、质量安全、质量控制等方面的研究，搭建国内最先进的Snus设计、研发和制造平台。

口服尼古丁替代品（含烟草、不含烟草）市场规模虽然与电子烟相当，但是品种很多，基本可以分为以天然烟草为原料的口服烟草制品和以强调戒烟效果的含有尼古丁的辅助药品（胶、贴、喷雾）为主。

图7－7　雷诺公司出品的口含烟

世界主要无烟气烟草制品生产商有：瑞典火柴公司、美国无烟气烟草公司、雷诺烟草公司和珀施尔烟草集团（图7－7～图7－9）。

图7－8　口服尼古丁替代品（含烟草，不含烟草）

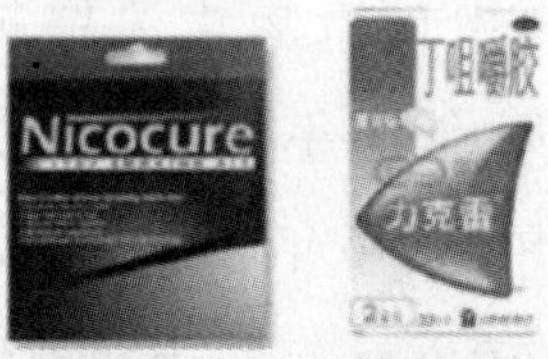

尼古丁贴　　尼古丁胶

图7－9　尼古丁贴、胶

从起源、传播到规模化种植生产，从宗教、疾病中的正面角色到危害健康的反面角色，从简单的吸食到工业化多样性产品的出现，烟草已经伴随人类社会发展上千年。如今，在饱受非议的情况下，烟草还继续为其他作物先进生产技术与方式推广提供借鉴。在一定范围内其生产组织模式继续为农业发展起到一定引领作用，同时也在短期内，依然还会为社会经济发展做出贡献。尽管这是我们不愿看到的，但却是毋庸置疑的，我们也期望烟草尽早离开人们的视线，那可能意味着中国乃至世界真正摒弃“烟货”时代的来临。

8 烟迷万众

烟，是个平凡中带些神秘色彩的东西。人，为什么要吸烟，为什么在反对呼声那么强烈的当今社会，科学深入研究发现烟草的极大危害时，烟草的销售却并没有受到多大程度的影响，反而还在节节攀升。也许没有哪一种商品的包装像烟草那么滑稽，印着肺病患者，印着骷髅，显著的版面上印着醒目的大字“吸烟有害健康”。可吸烟的人，却不假思索地去购买，贪婪地吸食，似乎那些宣传与告诫，对他们而言是一种笑话。俗话说，“吸烟三口，精神就有”“‘品’字三个口，当是烟、茶、酒”。吸烟不单单是带给人们生理上的享受，使人成习上瘾，无法忘却，更重要的是从潜意识里把人们引入了虚幻、浪漫、自在、空灵的美好境界。

追求时尚，好奇、模仿、盲从也成了一些年轻人吸烟的诱因。年轻烟民中，多数都是受从众心理影响而开始吸烟的。应该说，正是由于这些因素使得吸烟者违背健康原则。

8.1 名人也迷失

英国大生物化学家海尔盾说过，吸烟是人类历史上四大发明之一。香烟具有神秘的力量，烟草与名人似乎与生俱来便有了相互吸引的气息。伟大的牛顿似乎从儿时抽烟到老；《资本论》的全部稿费被马克思换成了雪茄；达尔文在烟雾缭绕的房间内，撰写他的进化论；而爱因斯坦也有着很明确的吸烟理由，他说：“我相信，在一切人类事物中，抽烟都能在某种程度上帮助人做出冷静客观的判断”；爱迪生是个不加节制的嚼烟爱好者，他曾说过：“烟草对从事复杂脑力劳动的人有一种良好的刺激作用”。

历史上，不计其数的王公贵族、贩夫走卒都一样不能抵挡烟草的诱惑，沉迷其中不可自拔。按照现在的健康知识理解，吸烟属不良习惯，但是，一些名人的吸烟行为也因为名人身份而被美化，很多已经成为普通大众茶余饭后的谈资。名人自然有不同常人的人性光辉与智慧，但是他们也枉顾烟草危害沉迷其中，可见烟草的魔力十分厉害。当然，人无完人，这里我们不对这些名人苛责，列举这些名人与烟草的故事，只是让更多不曾沾染吸烟行为的人士远离烟草，让还在吐云吐雾的烟客也像一些意志坚强的名人一样早日戒除吸烟行为；否则，不但损害自身健康，也可能危害他人、家庭和社会。

8.1.1 戏说乾隆戒烟

相传，乾隆因吸旱烟害病而向众太监宣布“戒烟令”。然而，他却没有毅力，一旦退朝回宫，还是偷偷地过烟瘾（图8－1）。一天，正当乾隆过烟瘾之际，忽然听到一声：“翰林院学士纪晓岚求见皇上。”乾隆一怔，慌乱之中竟然将燃着的烟锅塞入袖中。纪晓岚进到房中，见乾隆袖口飘出一缕青烟，心中便明白了几分。但他佯装不知，拐弯抹角地对乾隆说：“万岁一向喜欢与微臣联对，微臣今日想以‘烟’为主题献上一联，不知万岁有无兴趣?”乾隆心里不情愿，嘴上却说：“纪爱卿但讲无妨。”纪晓岚说道：“张口闭眼，喷云吐雾，七尺男儿白烧火。”乾隆稍一思索，对道：“燎嗓烧喉，伤肺害肝，三朝元老枉为官。”纪晓岚又出一联：“吸吸吐吐，耗尽多少黄金。”乾隆答道：“丝丝缕缕，燃掉无数白银。”纪晓岚暗自高兴，笑望着皇帝又道：“信是人言，本欲取信于人，必须言而有信。”乾隆不由一惊，心里琢磨，此言分明是在谏我彻底戒烟，用心可谓良苦。于是，乾隆吟出一联：“烟乃火因，常见吸烟起火，一定彻底戒烟。”纪晓岚看了一眼乾隆正冒烟的袖口笑道：“万岁爷，你快引火烧身了!”乾隆见袖子已被烧了个大窟窿，烧着的衣袖正冒着缕缕青烟，不

图8－1 乾隆皇帝画像

禁面红耳赤。从此，乾隆彻底戒了烟。

8.1.2 “愤怒的丘吉尔”

丘吉尔喜爱雪茄（图8－2），雪茄烟也几乎伴随着他的政治生涯。他无论是在公共场合还是私下，嘴上总是叼着根粗大的雪茄。他平均每天抽15支雪茄，联邦德国总理阿登纳曾回忆说：丘吉尔总是喜欢把雪茄烟吸进不少的酒，然后再拿出来点燃抽吸。但很少每支都抽完。1940年夏天，丘吉尔在北非前线视察与德军隆美尔部苦战的英军部队之后，与蒙哥马利将军同到一家餐馆进餐。他问蒙哥马利喝什么酒，蒙哥马利答道：“水，我不喝酒，又不抽烟，百分之百的健康。”丘吉尔立即回答道：“我既喝酒，又抽烟，却百分之二百健康。”

图8－2 愤怒的丘吉尔

1941年12月，珍珠港事件发生后不久，丘吉尔访问加拿大，摄影师卡希通过加拿大总理麦肯齐·金的关系，去给丘吉尔照相。丘吉尔叼着雪茄，漫不经心地走进摄影棚。卡希礼貌地对丘吉尔说：“这里有烟灰缸。”意思是请丘吉尔把雪茄放下。可丘吉尔毫不理会。卡希急中生智，说了声：“请原谅，公爵！”伸手把雪茄从丘吉尔嘴上拿掉了。这下可激怒了丘吉尔，与此同时，卡希尔的另一只手“咔嚓”一声敏捷地按下了快门。这张名为《愤怒的丘吉尔》的照片为当时许多报刊争相刊登。加拿大、美国、英国和澳大利亚等国还先后将此照印制成邮票。丘吉尔最喜爱的是套印着他名字纸环的黑色的雪茄，并讨厌别人说这些东西可能产生有害的后果。1945年，丘吉尔辞去了首相职务后，已经是老态龙钟。他驼着背，拄着手杖慢慢地走出唐宁街10号首相府时，嘴里还牢牢地咬着一支大雪茄烟。他对记者说：“我从来没有起过戒烟的念头。”雪茄烟伴随他的一生，直到91岁离开人间。据说至今，古巴的哈瓦那雪茄中仍保留着“丘吉尔”牌这一品种。

8.1.3 仅不猜忌烟斗的斯大林

吸烟达50年之久的斯大林是个喜好猜忌、疑心很重的人，他没有朋友，有人说他手上的烟斗，是他政治生涯中唯一不被猜疑的伴侣（图8-3）。斯大林给人印象最深的是他含着烟斗在沉思，在微笑，而烟斗几乎成了斯大林的标志。在与人谈话或小型会议研究工作发言时，他往往是口含着烟斗在屋子里踱来踱去，旁若无人地一边说着话一边还吸着烟斗。“斯大林烟斗里装着整个第二次世界大战”，在苏联影片《保卫察里津》《攻克柏林》中，斯大林始终捏着烟斗，或明或灭或吸或止，随着那烟雾喷出的是他扭转战局、叱咤风云的重大决策。1943年11月，他在德黑兰同美国总统罗斯福首次会面时，因为招待的是贵宾，没有带烟斗，而拿特别准备的烟盒请美国客人抽烟，以至于罗斯福奇怪地问道：“斯大林元帅，你那赫赫有名的烟斗哪里去了?”有一幅绘画，题记说“斯大林的烟斗，喷倒了人民的敌人!”这未免有些夸张。但这位苏联的大人物在处理公务时嘴里常常是含着烟斗，这一点是确确实实的。

图8-3 叼着烟斗的斯大林

8.1.4 戒了95%的奥巴马

美国总统在位时总免不了和烟草法案打交道，而国际上不少政要更是与香烟有着不一般的“革命友情”。奥巴马号称全美“第一烟民”，不少美国民众对奥巴马的烟民身份十分不满，认为他给美国青少年树立了“坏榜样”。第一夫人米歇尔对抽烟更是深恶痛绝。2007年她曾对媒体说，戒烟是她支持丈夫参加总统竞选的先决条件。奥巴马在当选不久就公开承诺戒烟，在全国广播公司（NBC）《与新闻界对话》节目中，他表示将遵守白宫内不得吸烟的规定。“你不会看到我在白宫内吸烟”。上任一年后，奥巴马前往国家海军医疗中心进行了一次体检，医生表示，奥巴马的身体状况非常好，但也反复叮嘱他务必“持续戒烟”。2009年奥巴马曾对媒体表示，戒烟虽难，但他已“戒了95%”。到2010年，白宫发言人吉布斯对记者说，奥巴马如今仍停留在“95%”的水平线上，“虽然总统在使用口香糖克制烟瘾，但偶尔会‘破戒’”。所谓虽不能至，心向往之，为了获得选民和妻子的谅解，奥巴马对控烟持支持态度。2010年6月9日，菲律宾国会宣布阿基诺三世当选总统后数小时后，奥巴马来电致贺。两人谈起共同的吸烟习惯。阿基诺三世说，“总统先生，我知道我们都有吸烟问题”。奥巴马回应：“哦，我已经戒掉了。我已经戒烟，那是你自己的问题了。当你决定戒烟时，我愿意给你提供建议。”

8.1.5 收到联合国戒烟信的洪森

相对美国总统对吸烟的克制，国际上很多政要对此却并不避讳，如柬埔寨首相洪森就是典型代表（图8-4）。洪森的烟瘾闻名柬埔寨，无论到什么地方，洪森侍卫的手提包中一定少不了两样东西，一是纯净水，二是“三五”牌香烟。柬埔寨国内外媒体也热衷刻画这位首相在公开场合一支接一支吸烟的形象。但这让身为柬埔寨红十字会主席的洪森夫人文拉妮大为不悦。由于“惧内”，洪森曾多次戒烟，但都以失败告终，连夫人对他都绝望了。2008年，洪森收到了一封发自联合国的信件，拆开一看，里面居然写着：“您已被联合国列为世界上最能吸烟的国家领导人之一，请戒烟”。

图8-4 洪森的吸烟照

8.1.6 毛泽东 “吃百家饭， 抽百家烟”

毛泽东一生嗜好香烟，在他留给世人的诸多影视、图片、文字资料中，手夹香烟成了他的公众形象（图8-5）。美国作家特里尔撰写的《毛泽东传》，曾多次提到毛泽东吸烟的情景，第一次提到是在长征路上：“对烟草的新发现使毛泽东即使在最晦气的日子里也能振作起来。”特里尔这样描述和评价毛泽东的吸烟史：“毛泽东至少有60年的抽烟历史，可能任何国家的政治领导人都不如毛抽掉的卷烟多。”

沙家店战役，毛泽东“不出屋，不上床，不合眼”三天两夜，整整吸掉五包烟。1950年他三天三夜没睡觉，“一支接一支吸烟”，随后做出派遣志愿军赴朝的决定。当他听到爱子毛岸英牺牲的消息，先是一怔，后将眼光移向烟盒……他没有哭，而是一支接一支吸烟。

图8-5 毛泽东早期吸烟照

毛泽东一生中主要吸的是“纸烟”。战争年代的纸烟来源主要是国民党军队“进贡”的战利品。因此，香烟的牌子自然是形形色色、多种多样，他曾经戏称之为“吃百家饭，抽百家烟”。战争年代，毛泽东抽烟没有保障，大都是战士们缴获什么烟就抽什么烟，也就是现在流行的卷烟。没有这种烟的时候，毛泽东烟瘾来了就用纸卷成喇叭筒，里面包点烟丝。长征途中，无处寻烟，毛泽东就设法用树皮、稻草来代替。

1958年6月7日，外交部长陈毅率黄镇和另外几位回国大使一同来到中南海游泳池。毛泽东招呼大使们入座，递上一支烟给陈毅，陈毅摆了摆手说：“我戒了。”毛泽东笑着把烟放在嘴上，说：“还是你有决心，我戒不了。”不过，在毛泽东一生中，还真有一次控制住了烟瘾。那是1945年与蒋介石谈判时，他始终未抽一支烟。这一点，曾使许多人佩服。蒋介石告诉陈布雷说：“毛泽东此人不可轻视。他嗜烟如命，据说每天要抽一听，但他知道我不吸烟后，在同我谈话期间绝不抽一支烟，对他的决心和精神不可小视啊！”

毛泽东的晚年疾病缠身，血压偏高，眼睛又患白内障，常有咳嗽，终于下决心戒烟。不知经过了多长时间的煎熬，毛泽东终于丢掉了伴随他60多年的香烟，脱离了“烟民世界”，此时已是他去世的前一年。

8.1.7 小平烟事

1979年，邓小平访问美国（图8-6）。在与卡特总统会谈时，邓小平突然想抽烟。于是，他笑着问卡特："美国国会有没有通过一条会谈中禁止抽烟的法律?"卡特说："没有。只要我任总统，他们就不会通过这样的法律，你知道我的州种植大量烟草。"邓小平听后，马上掏出一支"熊猫牌"香烟抽了起来。1988年3月25日，全国七届人大一次会议在北京人民大会堂召开。主席台上，邓小平来了烟瘾，习惯地从口袋掏出一支特制加长的"熊猫牌"香烟，点火吸了起来。这违反了当时全国人大的会场内不准抽烟的规定。但对于一位年近九旬的党和国家主要领导人，大多数代表对他违规吸烟都表示了宽容。偏有一位代表非常认真，写了一张纸条递到主席台上："请邓小平同志在主席台上不要吸烟。"邓小平看了这张纸条后，莞尔一笑，立即熄灭了手中的烟。

图8-6 会议中手拿烟支的邓小平

8.2 烟草的危害

烟草相对廉价、成瘾性低、烟瘾戒除难度远小于戒除毒瘾。在人们的物质生活中，烟草着实是十分特殊的消耗品。烟草商品，根据它对人体的生理和味觉的作用，属于食品类商品，很久以来，人们是把它作为一种嗜好品而用的。虽然烟草商品不是维持生命的必需品，但却有一般食品类物质所不具备的特殊作用，即它的生理、医疗、心理和社会功能。因此，有人称为介乎精神和物质两者之间的特殊食品。

8.2.1 烟草的有害成分

(1) 烟气气相有害物

烟气气相中的主要有害物质包括一氧化碳、挥发性醛和酮。

人们常说的煤气中毒，就是指一氧化碳中毒。一氧化碳与血红蛋白的亲和力比氧气高250倍，当人们吸入较多的一氧化碳时，一氧化碳与血红蛋白结合形成大量碳合血红蛋白，而氧合血红蛋白大大减少，造成组织和器官缺氧，进而使大脑、心脏等多种器官产生损伤。每支烟燃烧时可产生一氧化碳20~30毫克。若许多吸烟者聚集在拥挤且不通风的房间内，空气中的一氧化碳浓度可达0.05%，接近发生煤气中毒的浓度。不吸烟的正常人体内碳合血红蛋白浓度大约为0.5%，而吸烟严重者体内的碳合血红蛋白高达15%~20%，也就是说有15%~20%的血红蛋白丧失了输送氧气的功能，从而导致缺氧。

烟气气相中一部分醛和酮是由烟草中直接转移而来的，其中含量最高的是甲醛、乙醛、丙醛、丙烯醛、巴豆醛、糠醛和丙酮，多为纤毛毒素，吸入后抑制肺排泄物的清除，从而导致肺部疾病。

(2) 烟气粒相有害物

烟气粒相中的主要有害物质有稠环芳烃、亚硝胺、烟碱（尼古丁）、自由基、放射性元素、儿茶酚。

烟气中已鉴定出约30种有致癌作用的稠环芳烃化合物，其中有最强致癌毒性的是苯并芘，其次是苯并蒽。苯并芘是强致癌物，它还存在于煤、石油、天然气中，但可被大气稀释，而香烟中的苯并芘被吸烟者直接吸入或弥散于室内，浓度很高。在燃烧一包香烟中，可产生0.24~0.28微克的苯并芘。有调查结果表明，空气中的苯并芘含量每1 000立方米增加1微克，就会使肺癌发病率增加5%~15%。

烟气中存在多种亚硝胺化合物，被公认为有致癌作用。一类为挥发性亚硝胺，含量极小（纳克级），危害较小；另一类是烟草特有亚硝胺，为非挥发性，含量微克级，有较强的致癌性，危害较大。

烟碱对人的交感神经系统和中枢神经系统有显著的作用。中等剂量的烟碱吸入，就能使呼吸急促，血管扩张和呕吐明显加剧，较大剂量的烟碱吸入，可引起震颤和痉挛。重度吸烟能减退食欲，还能使血压升高。尼古丁是一种无色透明的油状挥发性液体生物碱，具有神经毒性，可以刺激人类神经兴奋，是吸烟主要的成瘾源。吸入纸烟烟雾中的尼古丁只需7.5秒就可以达到大脑，使吸食者感到轻柔愉快的感觉，它可以使中枢神经系统先兴奋后抑制。尼古丁在血浆中的半衰期为30分钟，当尼古丁低于稳定水平时，吸烟者会感到烦躁、不适、恶心、头痛，并渴望吸一支烟可以补充尼古丁。一支香烟中尼古丁含量随着烟叶质量和加工工艺不同而不尽相同，一般每支含1.5~3毫克。吸烟时，约25%的尼古丁被燃烧破坏，5%残留烟头内，5%扩散到空间，真正被人体吸收的尼古丁只有20%，所以有的人一天吸一盒香烟也不会出现中毒现象。但尼古丁对人体许多器官的袭击损害作用却与日增加。

卷烟烟气中存在多种自由基，主要是因为烟丝的不完全燃烧、蒸馏、热解、光解等一系列氧化还原过程而产生的。如醌或半醌自由基、多环芳烃自由基、烷氧基自由基、烷基自由基等。自由基能引起细胞损伤，可导致多种疾病。

烟气中的放射性物质来源于烟草生长中所施的磷肥。磷肥中含的铀经过衰变成为铅-210和钋-210，由烟草上的茸毛所吸收。烟草燃烧时茸毛成为不溶性物质被吸入肺内组织，可使人体细胞转变为癌细胞。

儿茶酚和烷基儿茶酚在烟气中含量很高，可增加稠环芳烃的致癌性，是辅助致癌物。

（3）烟气中的焦油

卷烟烟气粒相物中除水分和烟碱外，所剩下的部分，称之为焦油。烟焦油是一种棕黄色具黏性的树脂，俗称“烟油子”，是卷烟烟丝中的有机物质在缺氧条件下不完全燃烧产生的多种烃类及烃的氧化物、硫化物和氮化物等组成的复杂化合物。目前一般认为卷烟烟气中的有害成分主要集中在焦油中。焦油中含有数千种物质，绝大多数（达到99.4%）的成分对人体是无害的。这其中有相当部分是卷烟特有香味的来源。仅有0.6%的成分对人体健康有害。在有害成分中，0.2%的成分是诱发癌症和可能致癌的成分，0.4%是辅助致癌成分。这些致癌物可附着于吸烟者的气管、支气管和肺泡表面产生物理、化学性的刺激，损害人体的呼吸功能。

8.2.2 吸烟与疾病

1985年，世界卫生组织（WHO）把吸烟与各种疾病的关系分为五种情况：一是有明显关系的，包括肺癌、局部缺血性心脏病、呼吸性心脏病、主动脉瘤、外周心血管疾病、慢性阻塞性肺病，与吸烟有明显相关性。二是与其他因素协同作用，比如吸烟能使中毒、肝硬化、酗酒引起的酒精中毒等症状加剧。三是尚未肯定的一些联系，食道癌、唇癌、喉癌、舌癌、咽癌、胃癌、肝癌、膀胱癌、胰腺癌、子宫癌和无特定器官部位癌症等11种癌症与吸烟不存在肯定的关系。此外，呼吸道结核、肺炎、其他呼吸系统疾病、心肌功能退化、血压高、脑出血、胃溃疡、十二指肠溃疡及其他脑血管疾病等9种疾病和吸烟也不存在必然联系。四是有一定保护作用的，吸烟对有些疾病如子宫内膜癌、帕金森综合征、结肠溃疡、妊娠中毒性贫血、骨质疏松症等，有一定的预防和治疗作用。吸烟能预防和缓解老年性痴呆、旅游综合征、注意力下降和溃疡性结肠炎等疾病。五是无关系的，像寄生虫病和传染病与吸烟就毫无关系。

一些瘾君子常挂在口头的话就是吸烟能提神，有助思考，所谓“文章不通，靠烟通”。从事脑力劳动的人还认为吸烟可以产生灵感。但科学家的科学研究结果却给他们泼了一盆冷水，证明这种论点是不科学的，只不过是一种自我安慰剂。

美国有人对抽烟和不抽烟者做过模拟汽车驾驶，阅读复述短篇故事和回忆信件内容的分组测验，结论是：抽烟无助于从事需要记忆或广博知识的复杂劳动，抽烟者的车祸率比不抽烟者高2~3倍。《自然》杂志发表的针对老鼠的研究表明，对没接触过香烟中尼古丁的老鼠而言，摄入尼古丁的确能增强它们的反应能力，使它们能更快地学会避免电击。但对尼古丁反应不敏感的老“烟民”来说，摄入尼古丁后反应能力却下降。这项试验研究还发现，尼古丁能对大脑中一些特殊部位造成损害，而这些部位能释放一种用以在神经之间传递信息的化学物质。因此，长期吸烟只能损害大脑，毫无提神、助思考之功效。

烟草种植者的“绿烟病”是烟草种植人员的一种职业病，常发生在烟草收集季节，表现为在雨天或露水较多时采摘烟叶，烟叶上的露水弄湿衣裤，其中的尼古丁通过衣裤经皮肤吸收，而在数小时后产生头晕、乏力、恶心呕吐，甚至虚脱、不自主运动等一系列症状。本病的发生与作业人员接触烟叶露水的多少和时间有关，如每小时接触烟叶露水量200～700毫升，连续作业4小时，那么经皮肤吸收的尼古丁就足以引起本病，非吸烟者比吸烟者更易发生。动物实验也证明，用50%的尼古丁液1毫升，涂于530克重的大鼠皮肤上，2～3分钟出现痉挛，呼吸困难。用0.1%尼古丁液涂于大鼠四肢上，30分钟后出现呼吸不匀。说明尼古丁可经皮肤吸收而产生中毒。因此，烟草采集人员，在下雨或露水较多时作业，应做好防护工作，防止衣裤等弄湿，以减少烟叶露水对皮肤的接触，以免本病的发生。

8.2.3 有关吸烟与健康的另外一种声音

有研究显示，环境比吸烟对人健康的影响可能更可怕。现在，全世界每年生产的烟草燃烧后所释放的有害物质，仅占每年汽车尾气排放的有害物质的万分之几。例如致癌物质苯并芘，按照大规模控烟以前20世纪60年代末的数据，全世界每年释放的苯并芘为5 044吨，其中电热业释放2 604吨，其他工业释放1 045吨，汽车释放45吨，而全世界每年的烟草全部燃烧所释放的苯并芘只有50千克。看到这组数据，我们也不难理解为什么欧洲、美国会从20世纪后半个世纪开始，抵制吸烟的呼声越来越高。因为，从那个阶段开始，美欧的环境治理取得了较为明显的成效，随着空气质量的提高，原先对肺部疾病影响比重较小的吸烟行为，终于上升到重要地位。试想在100多年前，伦敦还号称雾都的时候，空气中弥漫着有害物质，谁要是说“吸烟会导致肺癌”，会被人笑话。就好比在一个粉尘严重的工厂或煤矿里，吸烟导致的肺癌如果有一个，那么粉尘导致的肺癌可能有100个。所以，欧美人如今热烈地倡导控烟，其实是他们在一个高品质的生活条件下，精益求精的结果，那是高度敏感的小心翼翼。

8.3 烟火能否熄灭

莎士比亚说过，“生存还是毁灭，这是一个问题”。在吸烟有害健康的科学背景下，控烟浪潮风起云涌，到底烟草是被控制、被禁止还是要发展，这也是一个复杂的问题。

《烟草控制框架公约》中的重要条款主要有以下几方面。

在减少烟草需求的价格和税收措施条款中规定：每一缔约方宜考虑其有关烟草控制的国家卫生目标，并酌情采取或维持价格政策的措施。这就意味着，为了减少烟草消费，价格的提高将是不可避免的，这将促使一些烟民放弃或减少卷烟的消费。

在烟草制品披露的条款中规定：每一缔约方应根据其国家法律采取和实行有效的立法、行政或其他措施，确保烟草制品生产商和进口商向政府当局披露烟草制品成分和释放物的信息。

在烟草制品的包装和标签条款中规定：每一缔约方应在本公约对该缔约方生效后3年内，根据其国家法律采取和实行有效措施以确保在烟草制品的每盒和单位包装及这类制品的任何外部包装和标签上带有说明烟草有害健康的警示语，并可包括图片或象形图等形式的其他适宜信息，这些警语和信息至少要占据烟草外部包装的主要可见部分的30%以上。

在烟草广告、促销和赞助条款中规定：每一缔约方应根据其宪法或宪法原则广泛禁止所有的烟草广告、促销和赞助。

在烟草的责任和赔偿条款中规定：烟草应对其引起的健康后果负责并进行赔偿。

8.3.1 烟草的多样化用途

全中国每年收获约250万吨烟草作物，全世界更是多达每年生产近700万吨烟草产品，这么大量的烟草植物难道除了加工成供人们消费的卷烟制品外，还有其他的用途吗？答案是肯定的。随着科学技术的飞速发展，烟草还将有更多的另类用途出现在我们面前，为这个社会创造价值。

（1）烟草的药用价值

刚开始烟草传入欧洲之后，人们对它的初步认识就是能治疗一些疾病。1559年西班牙塞维得亚大学的医生莫纳德对烟草的功用做了大量的分析实验，证明它对头疼、咳嗽、积食等疾病有一定的疗效。1561年的法国人尼克特把治疗头疼的烟草粉末献给法国皇后，治好了她的头疼病，而烟草中所含的主要成分尼古丁也由尼克特的名字得来。

如今，烟草已是著名的模式作物，人们构想把烟草当作生物反应器，将其他作物的抗癌、抗艾滋病以及有益于人们健康的基因导入其中，使其充分表达，然后利用生物技术予以提取，可加工成治病强身的“灵丹妙药”。中国工程院院士朱尊权先生就曾提出：烟草的生物特性将使其成为最佳的生物工程研发对象。可将某些有利的基因导入烟草，或将其制剂加入卷烟。根据中医理论，烟气可直达胸肺与病变部位直接接触，或被血管吸收通达全身，这种效果优于用药物经吞服、通过消化再被吸收。这可以作为多方面协同攻关的课题。近年来，美国科学家培育出了能提取防血栓蛋白的转基因烟草。美国生命起源遗传公司经理欧文认为可以利用遗传工程促使烟草产生抗癌物质。他的公司在实验中成功地从烟草中提取制造了防止阳光曝晒患皮肤癌的黑色素的酶。瑞典科学家将人体基因注入烟草，从中提取血清蛋白活化剂，具有溶解血液凝块的作用，是医治心脏病的良药。有些科学家把牛胃中的一种杀细菌的酶植入烟草，研究出了新的抗生素。

目前已取得的这些研究成果说明，烟草用于现代医药学，具有非常宽广的发展领域。

（2）烟草作为生物学研究材料

与其他作物相比，烟草种子量多，生长周期短，特别是在遗传学的研究中，烟草是一种广泛用于基础理论和生物工艺学尖端研究中难得的研究工具，其重要性可与微生物中的大肠杆菌相比。随着生物技术的发展，烟草植株将会被改造成为“植物工厂”，生产包括药品和疫苗在内的各种各样的新物质；也可用烟草固定氮、提高光合效率以及作为污染物指示物等。

从学术的观点看，烟草之所以适合并仍将作为生物科学尖端研究的工具，主要是因为：

1）种质资源丰富，并且都有文件证明。

2）以烟草为工具的研究获得了大量有价值的资料。

3）易于种植和繁育。

4）有效的组织和细胞培养技术。

5）广阔的研究领域，如分子生物学、生物技术、生理学、生物化学、化学、药理学和药物学等。

8.3.2 控烟难在何处

烟草产业在一些国家已经显现出夕阳产业的特征，那么吸烟习惯能否像古时候人们抛弃服用“五石散”（石钟乳、白石英、石硫黄、赤石脂、紫石英，一度被认为可使人健康长寿，后来被证明对身体有害无益）一样最终走向“灭亡”，我们很难推断。主要因为中国是全世界最大的烟草生产国与消费国，雄踞8个世界第一：烤烟种植面积世界第一、烤烟产量世界第一、烤烟增长速度世界第一、卷烟产销量世界第一、卷烟增长速度世界第一、吸烟人数世界第一、吸烟人数增加数量世界第一和烟税增长速度世界第一。中国有3.2亿烟民，占世界烟民总数的25%，烟草生产占全球的35%，烟草销售占全球的32%，卷烟年产量达1.7兆支。显然，面对控烟运动这可并不是一组让人骄傲的数字。也正是这样的数据背后隐藏着巨大的困难。毕竟，国家要想完全控烟，就要从牺牲庞大利税收入、保障从业者重新就业和生活、发展烟叶产区经济、打击走私烟贩运、杜绝非法烟草产品制售、引导消费者摒弃吸烟陋习、法律法规建立健全与执行、消除（对外）烟草贸易等多方面做出努力。或者我们要回答控烟过程中，国家利税的缺失怎么补？从业者的生活如何保障？国际烟草行业的影响如何应对？能否真正消除传媒对吸烟行为的影响？如果对其中任一方面处理不当都可能造成经济失衡、市场混乱、发展不协调甚至社会不安定。

国家利税的依赖　从过去三十多年的情况来看，烟草利税在国民经济中具有特殊重要的地位，烟草利税在国家财政收入中所占比重平均接近8%，收入数额相当于国防开支，这是其他行业所不可比拟的。所以短期内烟草对国家财政收入来说是无可替代的。

从业者的生活保障　如今的烟草行业已发展成为一个非常庞大的产业，涉及农、工、商、贸及许多与其生产配套的相关行业，它的存在解决了一大批人的就业和生活问题。据估算，全世界约有 1.8 亿人（包括行业雇员及其家属）完全或部分地靠烟草业谋生，主要产烟国的烟草行业总雇员人数超过 4 700 万。在中国，烟草与 1 000 万人口的就业和 1 亿多人口的经济生活密切相关。

传媒的影响　1996 年 12 月 30 日开始实施的《烟草广告管理暂行办法》规定，禁止利用广播、电影、电视、报纸、期刊发布烟草广告。然而，卫生部提供的材料显示：2001 ~ 2002 年热播的 10 部电影，全部有吸烟镜头，平均每部有 26.2 个，最多的一部达 111 个。平均每部电影为 5.6 分钟，占整部电影总时间的 5.7%，最长的一部达 16 分钟。影视剧中将吸烟与成熟、坚强、力量、魅力、反叛、自由等人物性格联系起来，对人群尤其是青少年群体的行为产生潜移默化的影响。目前有 80% 以上的青少年，仍有机会接触到烟草广告。

国际烟草的影响　众所周知中国是世界第一烟草大国，现阶段吸烟人口约占世界总吸烟人口的 25%，卷烟消费量达 3 894.5 万箱，市场容量之大，早已让跨国烟草公司垂涎三尺。国际烟草行业影响中国控烟进程是一个容易被忽略的问题。我们可以想象，短期内无论国家层面生产烟草与否，总有一些“老烟枪”可以依赖私贩私运和非法制售渠道获取他们的“烟粮”。

8.3.3　中国的控烟关键

当前，许多医学专家、名人和渴望家人健康的普通百姓都纷纷加入支持控烟的行列，大张旗鼓地呼吁烟草控制。可是，全面控烟存在着我们上述的种种困难，因此，在国家层面并没有采取切实可行的措施，控烟行动迟缓。于是大家只好把目标转向与烟草相关的人和事上，比如“烟草院士”、“烟草科研获得国家科技发明奖”等问题上。

其实，一个人获不获得院士称号，一个科研项目获不获得国家科技发明奖对于整个国家控烟是否成功意义并不是很大。换句话讲，禁止烟草行业出现院士和科研项目拿国家级奖励对于实现全国范围控烟来说只是隔靴搔痒。

那么什么才是适合中国控烟的关键措施呢？关键有五点：一是认识到控烟任务的艰巨性和长期性，不要期望一时一事的处理就能实现全面禁烟；二是制定分阶段目标，降低烟草利税在国民经济中的比重；三是政策导向，包括生产政策导向和就业政策导向，让烟叶产量逐年下降、让烟草从业者的人数逐年下降；四是严厉打击走私贩卖和制售假烟；五是做好卫生宣传工作，把“吸烟有害健康”烙入人心。在制定一些控烟措施时，我们也不能简单模仿国外的一些做法。特别是提高烟草税不一定符合中国国情，这几年的实践已经证明，在中国，提高烟草税并没有抑制烟草消费，反而使得销售总额有所增加。原因是烟草税提高使得部分老产品投放市场比例减少而新产品价格提升，企业并没有减少收入，而卷烟产品价格越高就越有可能成为一部分人送礼或展示身份的选择对象。我们大胆猜想，分阶段大幅压低产品价格或许是中国控烟的制胜法宝。

无论出于喜欢烟草气息还是希望通过烟草缓解压力，无论出于彰显身份、好奇还是礼仪需要等其他目的，烟草迷倒了王公贵族，也让不计其数的普通百姓欲罢不能，以至于很多人对吸烟有害健康的科学论断置若罔闻，甚至于给出相反的说法。冰冻三尺非一日之寒，必须认识到控烟的艰巨性和长期性，控烟之路绝非一朝一夕所能走完。站在全局的角度，客观科学地评判和讨论中国控烟之法，是全社会应有的认识；力尽所能趋利避害，大幅度减小烟草对群众健康的影响是烟草行业的社会责任；有办法、有步骤、有作为地减少对烟草经济的依赖是国家控烟的必由之路。

结 语

荷兰阿斯梅尔，世界最大的花卉交易中心。交易厅内规模庞大的电子显示屏记录着花卉交易的详细过程，参展席位、花卉种类、产地、数量、拍卖价格等。其中，拍卖环节最具特色，拍卖采用减价法，每个拍卖标的出现后，拍卖钟的指针会持续地由较高的价钱开始往低价格旋转，直到有买家按下按钮，指针停止的价格即是销售的价格。先进的高科技与有效率的拍卖方式，是荷兰鲜花交易如此蓬勃的原因，这种现代化高效的拍卖方式，使荷兰的鲜花以最快的速度在当天下午就出现在纽约、巴黎、东京、香港、温哥华、迪拜等地的鲜花商店中。荷兰不仅有世界先进的园艺科技，更积累着科学完善的园艺产品流通与管理经验。

荷兰是一个高纬度地区国家，日照时间短、全年平均气温低、人地矛盾突出，“围海造田”就是荷兰为了扩大耕地面积所采取的措施。虽然从国土面积和人口来看，荷兰是一个小国，但却是一个农业大国，更是园艺产业的强国。荷兰园艺产品贸易量持续稳定在世界总量的 20%，占世界鲜切花市场的 60%；蔬菜生产总量 18 万吨，其中约 50% 出口；水果生产总量 65 万吨，其中 20% 左右出口。“世界花园”“花卉王国”“欧洲菜园”“设施王国”等美誉充分体现了荷兰对世界园艺的贡献。

与荷兰相比，我国在气候、地理、资源等方面优势明显。我国是跨越 5 个气候带的地理大国，国土面积是荷兰无法比拟的，特别是中国东部和南部地区，温光条件适宜，降水量充沛，且有着丰富多样的土壤种类，这对于园艺的生长较为有利，再加之有许多多变的自然条件，像地形、光照和小气候，形成了不同种类的农业生态，不论是何种园艺植物都适宜生长。我国有着丰富的园艺品种资源，当前已有超过 3 万份种质资源存入国家长期库。我国已经具备成为园艺生产大国的自然条件。事实上，自从改革开放以来，我国园艺产业发展迅速，当前许多园艺植物的栽培面积和年产量居世界首位，已经成为名副其实的园艺生产大国，但并非“强国”。我国园艺产品的国际市场占有率非常低，与荷兰、美国、日本等发达国家相比几乎可以忽略不计，与产量占世界的高比例极不协调。迄今为止，我国的园艺产品还主要是满足国内市场的需求，可能在将来相当一段时间内还处于“自产自销”的状态。我国在劳动力密集型园艺产品方面国际竞争优势明显，而在技术和资本密集型方面则明显缺乏国际竞争力。例如，在已经出口的园艺产品中，新鲜产品所占比例极高，而加工和深加工产品所占比例极低，园艺产品的价值还远远未被开发出来。尽管由“大”到“强”是事物发展的一般规律，但我国科技工作者，特别是园艺科技工作者有责任加快这种发展速度，使我国园艺产品迅速参与国际竞争，获得一个园艺大国应有的地位。

以人为镜。荷兰园艺产业取得了举世瞩目的成绩，其成功经验是多方面的，然而最重要的是采取了适合本国国情的农业发展战略，充分地利用科技优势，发展高效生态农业，走农业产业化经营之路。对于我国，充分发挥本土资源优势，因地制宜、因势利导地发展园艺产业，把有效利用资源、保护生态环境放在农业工作的首位，这是荷兰园艺产业留给我的宝贵经验。

随着人们生活水平的提高和生活条件的改善，蔬菜和水果在食物构成中的比例越来越大，观赏植物的消费量亦呈持续增加之势，园艺产品的生产与消费已经成为一个国家和地区的经济状况和人民生活水平的标志。2011 年，我国蔬菜总产值首度超过粮食作物，向世界宣告中国园艺产业发展潜力之巨大。

为了引导、推进我国园艺产业发展，农业部在“十二五”初期召开了全国园艺产业发展规划研讨会，并着手编写“十二五”全国园艺产业发展规划。会议明确了我国园艺产业发展的思路定位：我国建设小康社会的民生产业和引领现代农业的标志产业；确定了规划范围：包括水果、蔬菜、茶叶、花卉、中药材五大类。此次会议明确了我国园艺产业的近期目标，也对不同生态区的园艺产业的发展做了具体的安排，将对我国园艺产业协调、快速发展起到引导和推动作用。在

2012 年 7 月召开的全国科技创新大会上，“提高自主创新能力，建设创新型国家”发展战略被明确地提出了，明确了把增强自主创新作为发展科学技术的战略基点。这犹如一针强心剂，必将推动包括园艺产业在内的国民经济快速发展。

参考文献

[1] 程智慧．园艺学概论［M］．北京：中国农业出版社，2003.

[2] 章镇，王秀峰．园艺学总论［M］．北京：中国农业出版社，2003.

[3] 梁国宁．园艺史话［M］．北京：农业出版社，1983.

[4] 李春艺．家庭趣味园艺［M］．沈阳：辽宁科学技术出版社，2000.

[5] 吕英民，张振贤，王秀芹．中国设施园艺区域发展研究［M］．北京：中国林业出版社，2010.

[6] 成善汉，周开兵．观光园艺［M］．合肥：中国科学技术大学出版社，2007.

[7] 阎万英，尹英华．中国农业发展史［M］．天津：天津科学技术出版社，1992.

[8] 王永厚．农业文明史话［M］．北京：中国农业科学技术出版社，2006.

[9] 丁晓蕾．二十世纪中国蔬菜科技发展研究［M］．北京：中国三峡出版社，2009.

[10] 华业．植物科学故事总动员［M］．北京：石油工业出版社，2011.

[11] 丁夏，鲁俐．科技博览读本［M］．北京：对外经济贸易大学出版社，2011.

[12] 朱德蔚，韩振海，王德槟．改革开放中的中国园艺科技［J］．中国农业大学学报，2005，10（4）：51－54.

[13] 李树华，张文秀．园艺疗法科学研究进展［J］．中国园林，2009，（8）：19－23.

[14] 黄丹枫，张凯．借鉴荷兰经验，发展都市园艺［J］．长江蔬菜，2012，（14）：1－6.

[15] 吴芳，张向前．我国园艺产业国际竞争力研究［J］．科技管理研究，2011，（4）：114－119.

[16] 丁晓蕾．中国蔬菜科技源流考——兼论《齐民要术》中的蔬菜科技［J］．

农业考古，2006，(1)：161－165.

[17] 刘奕清．观赏植物学［M］．北京：中国林业出版社，2011.

[18] 赖尔聪．观赏植物景观设计与应用［M］．北京：中国建筑工业出版社，2002.

[19] 孙振雷．观赏植物育种学［M］．北京：民族出版社，1999.

[20] 邓小飞．园林植物［M］．武汉：华中科技大学出版社，2008.

[21] 张启翔．中国观赏园艺研究进展［M］．北京：中国林业出版社，2009.

[22] 龚永新．茶文化与茶道艺术［M］．北京：中国农业出版社，2006.

[23] 姚国坤．茶文化概论［M］．杭州：浙江摄影出版社，2004.

[24] 骆耀平．茶树栽培学［M］．北京：中国农业出版社，2008.

[25] 周志高，车玉萍，罗质超，等．历史名茶——阳羡紫笋的品质化学初探［J］，蚕桑茶叶通，2004，(1)：23－25.

[26] 周小苹，杨海军．生态观光茶园景观创设［J］．安徽农学通报，2011，17(13)：153－154.

[27] 陈宗懋．茶与健康专题（二）茶叶内含成分及其保健功效［J］．中国茶叶，2009，31（5）：4－6.

[28] 宛晓春．茶叶生物化学［M］．北京：中国农业出版社，2003.

[29] 邵健．对烟草行业转变经济发展模式的现实思考［J］．中国市场，2011，10：62－63.

[30] 史宏志．美国烟草经济政策及启示［J］．河南农业科学，2008，6：44－47.

[31] 邵伏文，薛宝燕．明清时期烟草在我国的引种及栽培技术［J］．安徽农业科学，2012，40（8）：5094－5096.

[32] 陶卫宁．明清之际烟草在国内的传播和引种［J］．农业考古，2006，1：172－175.

[33] 伊恩·盖特莱．尼古丁女郎：烟草的文化史．沙淘金，李丹，译．上海：上海人民出版社，2004.

[34] 沈轶．新一代烟草替代制品的研发和趋势［J］．烟草科技，2012，3：38－40.

[35] 李林．烟草产业集中度研究——基于产业经济学的视角［J］．思想战线，2009，35（3）：65－70．
[36] 杨帆，余蕊．烟草业利益集团对美国政治经济的影响［J］．福建论坛·人文社会科学版，2008，10：15－17．
[37] 孙英，张衔，蒋和胜．烟草种植对烟农的经济影响与烟草种植替代的政策建议［J］．软科学，2009，23（1）：39－41．
[38] 袁庭栋．中国吸烟史话［M］．济南：山东画报出版社，2007．
[39] 杨龙鹤，马文飞，马云祥．吸烟与健康［M］．南京：江苏科学技术出版社，1996．

后 记

本卷由河南农业大学蔬菜、花卉、茶叶、烟草等专业的博士们编写而成，编者根据自己的专业特长承担相关的编写任务。

第一章走近园艺，向我们介绍了园艺的范畴、园艺植物的起源、园艺业的历史、园艺业的发展趋势；第二章蔬菜漫话，从“菜不熟日馑”开始漫谈蔬菜，沿着蔬菜的历史足迹走向现代灿烂的蔬菜科技；第三章观赏植物的发展历程，介绍了观赏植物的起源和发展、在历史文化发展中的作用，重点介绍了中国十大名花；第四章观赏植物的应用，介绍了观赏植物的分类、应用形式及发展趋势，重点介绍了木本和草本植物在现代生活中的应用方式；第五章悠悠茶文化，介绍了茶的起源、世界茶文化、茶的功能，重点介绍了中国十大名茶；第六章漫漫茶之路，系统介绍茶叶的渊源，历史以及茶叶产业的发展，对具有中国特色的茶馆与茶具也有介绍；第七章人间“烟货”，介绍了烟的起源与传播、烟草的种类及其制品以及烟草的生产状况；第八章烟迷万众，较为客观地介绍了名人与烟、烟草的危害、戒烟方法以及烟草其他有益用途。其中，胡建斌负责第一、二章，张开明负责第三、四章，梁丽云负责第五、六章，田斌强负责第七、八章。胡建斌负责全书的技术审定，李琼负责导语、结语和全书的总纂定稿。

本书在编写过程中查阅了大量的相关文献，并录入了部分相关资料，引用了部分图例。在此向原书作者和提供资料、图例的老师和网站表示衷心的感谢。由于编者水平有限，经验不足，书中不妥之处，敬请读者批评指正，以便今后修改订正。

大红袍萝卜

黄瓜的大棚栽培

金宝无籽

乌塌菜生产田

洋葱地膜覆盖

整枝后的胡萝卜采种田

“艾伊多”郁金香

“白梦”郁金香

花卉造型

兰花组合造型

牡丹

硬叶兜兰

茶叶包装

茶园 1

茶园 2

茶园 3

成品茶叶

传统制茶工艺

存放烟叶

地膜覆盖栽培烟草

烤制烟叶 1

烤制烟叶 2

露地栽培烟草

烟草开花